改訂新版

建設工事と地盤地質

古部 浩・武藤 光・山本浩之・宇津木慎司 著

古今書院

まえがき

　建設関係の技術者の中には地質というのは難しい、とくに岩盤を説明するとき天文学的な数字の地質年代がひんぱんに出てきてわかりにくいなど、アレルギーを感じている人が多い。しかし建設工事ではコンクリートとともに岩盤や土を相手にすることは避けられず、地盤地質に関する知識は重要である。

　建設工事は建築と土木に大別されるが、本書は主に土木工事を対象としている。しかし建築工事でも基礎や地下および法面掘削があり、地盤地質と無関係ではあり得ない。土木は Civil Engineering といわれるように社会整備のための構造物を対象とし、その構造物は単品生産・受注生産ということと、地盤とのかかわりの深さに特徴がある。またどのような製品でも同じであるが、土木構造物にも適正な品質（Q：Quality）・費用（C：Cost）・工期（D：Delivery）・安全（S：Safety）と最近は環境保全（E：Environment）も要求される。この QCDSE を確保するためには、構造物と地盤地質とのミスマッチを防ぐことが極めて重要である。

　建設工事のプロジェクトは一般に企画に始まり調査→設計→施工→維持管理→補修と進み、場合によっては解体となる。本書はこのうち主として調査から施工の段階にいる技術者を意識している。それぞれの段階は「その段階の役割を全うすること」のほかに「前段階のチェックをし、フィードバックすること」、「後段階への情報伝達、アドバイスを行うこと」という役割を負う。施工の段階でいえば「所定の品質を決められた工費と工期で安全に環境を保全しながら」という役割を全うすることは当たり前で、そのほか前工程である調査・設計のチェック、および実際の地盤地質を確認しての後工程（維持管理・補修）への情報伝達（記録など）が重要である。調査の段階では地盤のすべてのことについて調査を網羅することは不可能で必ず推定・解釈が入り込んでいるものであり、それを受けての設計にも同じ問題が潜んでいる。その不確かさを予めチェックしておくことが必要で、施工途中でそれらが明らかになったときにはすぐ対応しなければならない。また後工程で問題が生じたとき、施工時の地盤地質状況の記録が整っていれば適切な対策を素早く実施することが可能となる。

　このように、建設工事の全段階で地盤地質情報は重要な意味を持つ。しかしながら、もし建設技術者がその意味を十分に理解することができなければ、地盤地質に関するどんなに詳しい報告書があり、また現場で実際に地盤状況を見たとしても、それらの情報の価値の多くは失われてしまう。さまざまな地盤地質情報を有効に利用するための知識を持つことによって効率の良い調査を計画できるのはもちろん、適切な設計とトラブルのない施工、経済的な維持管理・補修につながることが期待できる。すなわち、冒頭に掲げた QCDSE を確保するという目的に接近していく。

本書は、地盤地質についての知識の必要性を具体的に認識し、実務に活用することを目的としている。地盤地質とはどういうものか、地盤地質の知識が建設工事の設計・施工にどうつながっていくか、設計・施工との関係で何が重要なのか、という点にポイントを絞ってできるだけわかりやすく率直に解説したつもりである。具体的には例えば次のようなことが強調できる。

- 岩石の名前を見ればある程度の性状が推定できる
- 岩盤を対象とするときには硬さより割れ目に注意する
- 地質調査報告書および地質図を盲信してはならない
- 地盤の分類や統計は、それから外れるものも多い

　なお、巻末に付録として演習問題をいくつか示しているが、これは本文の内容をよりいっそう理解するためのもので、その解答は本文中に計算例などとして記している。

　本書は2000年11月に技術書院より刊行した「建設工事と地盤地質」に、その後の新知識などを加筆した改訂版である。本書によって、建設技術者を目指す学生や社会に出てほどない若手技術者がこれまで以上に地盤地質情報に関心を持ち、それらをいっそう有効に利用する手がかりを得ることができれば幸いである。

　　　2013年8月

目次

まえがき ... iii

1. 地盤の地質 ... 1
    1.1 土質地盤と岩盤 ... 2
        1.1.1 地盤の年代 ... 3
        1.1.2 地盤の構成物 ... 4
        1.1.3 風化・変質 ... 9
    1.2 地盤の構造 ... 11
        1.2.1 大規模な地盤構造 ... 11
        1.2.2 断層 ... 12
        1.2.3 片理・層理・節理などの割れ目・不連続面 ... 13
        1.2.4 走向と傾斜 ... 13
        1.2.5 偽傾斜 ... 15

2. 地盤の調査と試験・分類 ... 17
    2.1 地盤地質の調査 ... 18
        2.1.1 地形判読 ... 18
        2.1.2 現地踏査 ... 21
        2.1.3 ボーリング ... 22
        2.1.4 弾性波探査 ... 27
        2.1.5 調査坑 ... 28
        2.1.6 地質調査報告書 ... 29
    2.2 室内・原位置試験 ... 30
        2.2.1 室内試験 ... 31
        2.2.2 載荷試験 ... 32
        2.2.3 岩盤せん断試験 ... 35
    2.3 地盤の分類 ... 39
        2.3.1 土質地盤の分類 ... 40
        2.3.2 岩盤の分類 ... 40

3. ダムと地盤地質 ... 44
    3.1 ダムの地盤地質調査 ... 44
    3.2 ダムの安定 ... 45

		3.2.1	コンクリート重力式ダムの基礎地盤の安定	*45*
		3.2.2	コンクリートアーチ式ダムの基礎地盤の安定	*48*
		3.2.3	フィルダムの安定	*49*
	3.3	ダムの施工と地盤地質		*49*
		3.3.1	施工フローと関連する地盤地質	*49*
		3.3.2	断層処理	*50*
		3.3.3	グラウチング	*51*
	3.4	ダムに用いる岩石材料		*57*
		3.4.1	コンクリート骨材	*57*
		3.4.2	ロックフィルダム築堤材料	*57*
	3.5	ダムの仮設備		*58*
		3.5.1	骨材の製造・貯蔵設備	*59*
		3.5.2	コンクリートの製造・運搬設備	*59*
		3.5.3	その他の仮設備	*61*
	3.6	黒部ダム		*61*
4.	トンネル・地下空洞と地盤地質			*64*
	4.1	トンネルの種類		*64*
		4.1.1	山岳トンネル	*65*
		4.1.2	都市トンネル	*66*
	4.2	山岳トンネルの施工		*67*
		4.2.1	掘削工法	*67*
		4.2.2	掘削断面	*68*
		4.2.3	掘削ずりの処理	*68*
	4.3	山岳トンネルの地盤地質調査		*68*
		4.3.1	地盤地質調査	*68*
		4.3.2	トンネルの地質図	*69*
	4.4	トンネルで問題となる地盤地質		*70*
		4.4.1	岩種からの問題予測	*70*
		4.4.2	破砕帯と湧水	*71*
		4.4.3	割れ目の方向とトンネルの関係	*72*
		4.4.4	前方予測	*74*
		4.4.5	偏圧・地すべり	*76*
	4.5	切羽観察と計測		*77*
		4.5.1	切羽での地盤地質観察	*77*
		4.5.2	地盤分類	*77*
		4.5.3	坑内での調査	*79*
		4.5.4	坑内計測	*79*

4.6	青函トンネル	*81*

5. 都市土木と地盤地質　　　　　　　　　　　　　　　　　　　*83*
　　5.1　シールドトンネルと地盤地質　　　　　　　　　　　　*83*
　　　　5.1.1　シールド工法の種類　　　　　　　　　　　　　*83*
　　　　5.1.2　開放型シールドの地盤地質　　　　　　　　　　*83*
　　　　5.1.3　密閉型シールドの地盤地質　　　　　　　　　　*84*
　　　　5.1.4　アクアライン　　　　　　　　　　　　　　　　*85*
　　5.2　開削工事と地盤地質　　　　　　　　　　　　　　　　*86*

6. 基礎と地盤地質　　　　　　　　　　　　　　　　　　　　　*89*
　　6.1　橋梁基礎の地盤地質　　　　　　　　　　　　　　　　*89*
　　　　6.1.1　山岳橋梁　　　　　　　　　　　　　　　　　　*89*
　　　　6.1.2　都市部橋梁　　　　　　　　　　　　　　　　　*90*
　　6.2　鉄塔基礎の地盤地質　　　　　　　　　　　　　　　　*90*
　　6.3　タンク基礎の地盤地質　　　　　　　　　　　　　　　*91*
　　6.4　本四・瀬戸大橋の橋台　　　　　　　　　　　　　　　*91*

7. 法面と地盤地質　　　　　　　　　　　　　　　　　　　　　*93*
　　7.1　法面の形態　　　　　　　　　　　　　　　　　　　　*94*
　　7.2　盛土法面の地盤地質　　　　　　　　　　　　　　　　*95*
　　　　7.2.1　盛土の基礎地盤　　　　　　　　　　　　　　　*95*
　　　　7.2.2　盛土材料　　　　　　　　　　　　　　　　　　*96*
　　7.3　切土法面の地盤地質　　　　　　　　　　　　　　　　*97*
　　　　7.3.1　切土法面と地形　　　　　　　　　　　　　　　*97*
　　　　7.3.2　切土法面で問題となる地盤地質　　　　　　　　*97*
　　7.4　切土法面の崩壊　　　　　　　　　　　　　　　　　　*99*
　　　　7.4.1　切土法面の崩壊形態　　　　　　　　　　　　　*99*
　　　　7.4.2　異方性に起因する崩壊　　　　　　　　　　　　*99*
　　7.5　切土法面の設計と安定対策　　　　　　　　　　　　　*105*
　　　　7.5.1　切土法面の勾配　　　　　　　　　　　　　　　*105*
　　　　7.5.2　法面安定対策工　　　　　　　　　　　　　　　*105*
　　　　7.5.3　円弧すべりの安定計算　　　　　　　　　　　　*107*
　　　　7.5.4　直線すべりの安定計算　　　　　　　　　　　　*110*
　　　　7.5.5　グラウンドアンカーの設計　　　　　　　　　　*112*
　　7.6　切土法面の計測と管理基準値　　　　　　　　　　　　*115*
　　　　7.6.1　計測の方法　　　　　　　　　　　　　　　　　*116*
　　　　7.6.2　計測結果の整理　　　　　　　　　　　　　　　*120*

        7.6.3　管理基準値　　　　　　　　　　　　　　　　　　　*120*

8.　演習問題　　　　　　　　　　　　　　　　　　　　　　　　*123*
    1.　地質基礎知識の施工への応用例［問題1］　　　　　　　　*123*
    2.　走向・傾斜に基づく作図［問題2］［問題3］　　　　　　 *124*
    3.　岩盤載荷試験からの変形諸係数の算定［問題4］　　　　　 *126*
    4.　岩盤せん断試験からの τ_0、ϕ の算定［問題5］　　　　　 *127*
    5.　ヘニーの式［問題6］　　　　　　　　　　　　　　　　　*128*
    6.　断層置換えプラグの所要深さの算定［問題7］　　　　　　 *129*
    7.　グラウチング［問題8］［問題9］　　　　　　　　　　　　*130*
    8.　仮設構造物基礎の安定［問題10］　　　　　　　　　　　　*132*
    9.　走向・傾斜とトンネル前方予測［問題11］［問題12］　　　*133*
   10.　掘削形状の作図［問題13］　　　　　　　　　　　　　　　*135*
   11.　流れ盤すべりの判定［問題14］　　　　　　　　　　　　　*136*
   12.　円弧すべりの安定解析［問題15］［問題16］　　　　　　　*137*
   13.　直線すべりとグラウンドアンカー［問題17］［問題18］　　*139*

索引　　　　　　　　　　　　　　　　　　　　　　　　　　　*141-145*

1. 地盤の地質

　地盤の地質に関する学問分野について簡単に解説する。
　一般に地学というときには地質学・天文学・地震学・気象学・水文学等が含まれ、幅が広い。このうちの地質学は、地球を構成する物質の歴史を解明する学問といえる。地球を構成する物質とは土や岩だけではなく、生物・水・大気なども対象となる。しかし土地造成など人為的に形成された地盤の歴史は純粋の地質学では考えられていない。
　このような歴史の解明過程で得られる知見を、他の分野に応用する学問が応用地質学である。地下資源との関連でいえば鉱山地質学・石炭地質学・石油地質学などがあり、戦中・戦後の時期にはこれが応用地質学の主流であった。今後の主流になると思われる環境との関連では環境地質学・災害地質学・水理地質学などがある。純粋地質学と異なり、応用地質学では人為的な問題を避けることができないことがある。例えば災害地質学でいえば、1995年1月の阪神・淡路大震災において神戸山手地区に発生した多くの地割れは人為的な土地造成（切土・盛土）との関連が大きく、自然要因だけでは解明できない。
　応用地質学のうち、土木分野とのかかわりを扱うのが土木地質学である。わが国における現時点での応用地質学の主流は土木地質学といってよく、応用地質学＝土木地質学とするのが一般的である。これは戦後の国土復興に土木が主流となり、とくにダムやトンネルなどの大型構造物においては地盤とのかかわりが最重要課題で、地質学の知見が不可欠であったからである。
　本書のタイトルにいう建設工事の地盤地質とは、この土木地質と同義と考えてよい。
　類似の学問として地質工学あるいは地盤工学なる分野があるが、これらは土木工学の分野から地盤にアプローチするものである。土質力学や岩盤力学などの分け方もあり、地盤の力学的性状を明らかにして設計・施工に供するものである。シールドや開削などの都市土木では、特殊な問題がない限り土質力学を駆使して設計され、地質学的検討は副次的なものになる。

写真-1.1　堆積岩の層理面

1.1 土質地盤と岩盤

　建設工事において対象となる地盤は、土質地盤と岩盤とに分けられる。土質地盤は沖積世や洪積世に属する新しい地質年代の堆積物で、主に低地の都市部に分布し、土木との関係では都市土木が対象とする。また岩盤は地質年代にかかわらず、山岳土木の主な対象となる。両者の中間的なもので岩盤が風化して土砂状になったものがあるが、問題に応じて土質地盤にしたり、岩盤として扱われたりする。

　建設技術に関係する地盤地質を理解するうえでのポイントは、次のような内容に関する知識を身につけることである。

　土質地盤では、構成粒子の大きさとそれに伴う性質の違いや水との関係がポイントとなる。例えば砂礫層と粘土層とが互層している場合、前者は地下水を胚胎する層となるし、後者はそれを遮断する層となり、施工上まず重要視すべきことになる。

　また岩盤では、次のような知識を持てば大半の問題には対処できる。詳細については後述する。

①堆積岩、火成岩、変成岩各々に特有な構造と性状
②堆積岩における地質年代や原材料から推定される性状
③火成岩における産状、成分から推定される性状
④割れ目や不連続面（断層、層理、片理、節理など）からくる異方性
⑤岩石の違いによる風化、変質などの特徴

　建設工事では、岩盤の問題を硬岩、中硬岩、軟岩というように硬さ主体で考える傾向が最も一般的である。これは誰にでもわかりやすいこと、積算に反映させやすいことなどが理由であろう。しかし発生する種々の問題をみると、硬さよりも岩盤の有する地質構造(断層、層理、片理、節理などの割れ目や不連続面)に起因するものが多い。岩盤に特有な地質構造の知識を持ち、その構造を読み取って、施工する構造物との関係を理解できれば、大半の問題とその解決策を見つけることができると考えてもよい。

　地盤地質の簡単な知識が、低コストで安全な施工に大いに貢献できる。例えば図-1.1のように片側の坑口には花崗岩が、もう一方の坑口には安山岩が見られたとき、このトンネルはどちらから掘削したほうが有利かを考えてみる。

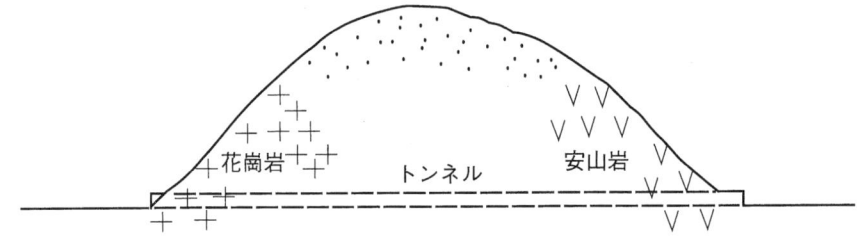

図-1.1　両坑口が花崗岩と安山岩

小学校あるいは中学校の時に、理科の授業で岩石について習ったことと思う。岩石は大きく火成岩・堆積岩・変成岩に分けられ、さらに火成岩は地下のマグマが冷却して岩石になった場所によって、深成岩・半深成岩（脈岩）・火山岩（噴出岩）に分けられる（後述の表 -1.6 参照）。そして深成岩の代表的な岩石として花崗岩、また火山岩の代表として安山岩の話も出てきたはずである。

　ここまでの知識があれば、あとは問題意識に対してそれをどう応用するか、である。すなわち花崗岩（深成岩）はマグマが地下深い所でゆっくり冷え固まったものであり、それと雲仙普賢岳のように噴火で地表に飛び出し急激に冷え固まった安山岩（火山岩）とを考えると、この両者の位置関係は容易に推定できる。花崗岩が下で、安山岩はその上を覆っている形である。もちろんその境界位置がどこにあるのかまではわからないが、少なくとも上下関係はわかる。

　次に実際にトンネルを掘削していくときの様子を想像してみれば、安山岩側から進めば花崗岩との境界は切羽（掘削面）の足元から出現して掘削するにつれて上がってくるので、危険な頭上位置にくる前に予知ができることになるが、逆に花崗岩側から進んでいくと危険な頭上に両者の境界（一般に脆弱化）が突然出てくることになり予知が難しいことになる。

　また、ふたつの岩盤が生成されたときのことを考えると、花崗岩が露出しているところを安山岩が覆うのであるから、花崗岩はその露出の間に風化されていることが推定され、境界付近の花崗岩は脆弱になっていると考えられる。さらに安山岩は性状節理など割れ目が発達していることが多いことから、トンネルを掘削するうえにおいて問題となる湧水が考えられるなど、劣悪な状態の境界が突然頭上から出現してくると、危険が大きくなる。

　したがってこの問いの正解は、安山岩側から危険を予知可能な形としながら掘り進むということになる。このように地盤地質に関する簡単な知識を持ちそれを応用することによって、建設工事の設計・施工に役立てられることは多い。この章では、各土木構造物の地盤地質に共通し、かつこれだけは知っておいてほしいと考える基礎的な内容について解説する。

1.1.1 地盤の年代

　宇宙のチリが集まって地球が太陽系の中に誕生したのは、約 46 億年前といわれている。その後表面が冷え固まり、水や大気などが出現し、さらにさまざまな変遷をした結果が現在の地球の姿である。したがって現在われわれが見ている地盤地質は場所によって生成された時代が異なり、その歴史を表現するために地質年代（相対年代）が命名されている。その地質年代は、日本の歴史を奈良時代とか江戸時代というように政治体制の変化で区切るのと同じで、生物の歴史上大変革のあった時期を区切りとしている。人間生活の歴史は遺跡や古文書などで推定・解明されるのに対し、地質の歴史は化石や放射性炭素などによる年代測定によって前後関係が明らかにされる。

　地質年代の区分は次のような単位で示される。左側ほど大きな単位で、例えば中生代の中に白亜紀などの紀があるという関係である。

代 era･････････紀 period･････････世 epoch･････････期 age
（界 erathem）（系 system）（統 series）（階 stage）

それぞれの地質年代の地層のことを呼ぶ場合には、厳密には（ ）内のような表現となる。例えば地質年代は古生代で、その地層は古生界というようにである。ただし建設工事の場面で地層をいう場合には、単に古生層としていることも多い。

表-1.1 に地質年代区分を示すが、建設工事で必要な地盤の性状に関しては、表-1.2 に示すようなおおまかな地質年代でとらえて構わない。ただしこの性状は堆積岩についていえるもので、火成岩では地質年代はあまり関係ないと考えてよい。

表-1.1 地質年代区分

代	紀		世	年代（百万年）
新生代	第四紀		沖積世	0.012
			洪積世	2
	第三紀	新第三紀	鮮新世	5
			中新世	23
		古第三紀	漸新世	34
			始新世	57
			晩新世	66
中生代	白亜紀			145
	ジュラ紀			199
	三畳紀			251
古生代	二畳紀			299
	石炭紀			359
	デボン紀			416
	シルリア紀	ゴトランド紀		444
		オルドビス紀		488
	カンブリア紀			542
原生代・始生代	先カンブリア紀			4600

表-1.2 地質年代からの岩盤性状のイメージ（堆積岩の場合）

中生界・古生界	古い時代にできたものなので、それだけ固結度がよく硬質である。反面何回もの地殻運動を被ったキャリアを有するので、それによるキズ（断層、割れ目など）も多い。
新生界古第三系	固結度がよく硬質なもの（例えば砂岩）と、やや軟質なもの（例えば頁岩）とが混在（互層）することが多い。
新生界新第三系	一般に軟質であるが、断層や割れ目などのキズは、時代が新しいだけに少ない。
新生界第四系洪積統	未固結である。一般には段丘と呼ばれる砂礫層が特徴的である。

1.1.2 地盤の構成物

「岩石の名前の付け方を教えてくれ」という声を建設技術者からよく聞くが、これがなかなか難しい。岩石の種類が多いこともあるが、同じ岩石でも風化・変質・汚染・組成変化などがあったり、異種の岩石の中間的なものもあり、単純ではないからである。また、現物を持ってきて「これは何岩？」といわれるのも困ることがある。地質技術者が岩石の名前を付けるときには、野外で見られる岩盤露頭のような大きいスケールの中で産状その他の情報から判定するものであり、小さな岩片だけでは顕微鏡鑑定でもしない限り難しいことがある。また、岩石図鑑でもわかるケースは少ない。

大ざっぱではあるが、岩石の名前を付ける時のポイントは次のようなことである。

・堆積岩、火成岩、変成岩の何に相当するかを見極めること
　　堆積岩：水の作用により粒子が円形をしていたり、堆積した時の構造が見える
　　火成岩：粒子が角張っている
　　変成岩：変成作用のための縞状構造が見える
・鉱物の種類、粒子の粒径の大きさ、色、縞模様などによる判定

ここではそのような岩石鑑定の話ではなく、すでに調査が行われていて岩石名がわかっている場合に建設工事の設計・施工計画に際しての注意するポイントは何かを解説する。

建設工事の場面で問題となる地盤の性状は、次のような内容で決まる。

①その岩石を構成する物質が何であるか、ということ

例えば堆積岩で、砂が固まってできた砂岩と粘土が固まってできた泥岩や粘板岩とは性状が異なる。もっとも性状の違いは岩石名だけで決まるのではなく、例えば強度で見ると新しい地質年代では〔砂岩＜泥岩〕であることが多いのに対し、古い地質年代では〔砂岩＞粘板岩〕となることが多い。また火成岩では、例えば白っぽい石英・長石などからなる花崗岩と、有色鉱物が優勢な玄武岩とでは、比重が異なることや、風化生成物が前者は砂状、後者は粘土状となる、などの違いがある。

②その岩石がいつ、どのような場所で、どのようにしてできたかというような生成条件

堆積岩の場合の、地質年代による特徴は表-1.2 に記した。火成岩では、その生成場所および生成時の状況が、その岩石の性状に影響している。すなわち花崗岩のように地下深所でゆっくり冷え固まった深成岩は密実であるが、安山岩のように火山からの噴出岩では節理が顕著であったり、ガスが抜けたため多孔質であることが多い、などの違いを生じる。

③破砕・風化・変質など岩石生成後に被った変化

これは、①②のような状況で生成された岩石が、その後に被った破砕・風化・変質などの変化の程度に応じて性状が変化するということである。

(1) 堆積岩

堆積岩の工学的性質は、それが生成された地質年代との関連が強い。一般に古生代・中生代などの時代が古い岩石ほど硬質であるが、反面それだけ破砕や変質を被る機会も多く、断層破砕帯や割れ目の発達が顕著となる。新生代の新第三紀以降の堆積岩は、固結度が低く軟岩と呼ばれるが、断層破砕帯などは少ない。

i) 砕屑岩

河川などの流下によって侵食・運搬された砕屑物が、海底や湖底に堆積し、固結したものである。この砕屑岩の分類は砕屑物の粒径（表-1.3）によるが、土木工学的意味においては礫岩・砂岩・泥岩の区別で十分である。このうち泥岩については、その生成年代によって表-1.4 のように使い分けされている。ただし、純粋地質学の立場で命名する場合には、頁岩・粘板岩という名称は使わず単に泥岩とすることがある。関東地方で実務上「土丹（どたん）」と称せられる地盤があるが、これは新第三紀〜第四紀洪積世の砂岩、泥岩などの砕屑岩の総称である。

ii) 化学的沈殿岩・生物岩

　この分類によく出てくるのは、石灰岩とチャートである。石灰岩は中・古生層中にレンズ状（数 km 規模）に分布することが多く、地下水中の酸の作用で溶解されて空洞が生じていることがしばしばある。これがいわゆる鍾乳洞である。沖縄に分布する石灰岩は琉球石灰岩と呼ばれ、新しい時代（第四紀洪積世）のもので空隙が多く、本土の一般の石灰岩とは異なる。

　チャートは非常に硬質であるが、層理面が発達していて異方性が顕著であることが多い。

iii) 火山砕屑岩

　火山砕屑岩の分類を表-1.5 に示す。

　新第三紀は、とくに東日本を中心に火山活動が活発であったが、この時代の火山灰を起源とする凝灰岩類をグリーンタフと呼ぶ。緑泥石の含有による緑色が特徴的なための名称であるが、すべてが緑色系という訳ではない。

表-1.3　砕屑岩の分類[1]

粒径 (mm)	(ϕ)	砕屑物	砕屑岩
256	−8	巨礫	礫
128	−7	大礫	礫岩
64	−6		
32	−5	中礫	
4	−2	細礫	
2	−1		
1	0	極粗粒砂	砂
		粗粒砂	
1/2(0.500)	1		
1/4(0.250)	2	中粒砂	砂岩
1/8(0.125)	3	細粒砂	
		微粒砂	
1/16(0.063)	4		
1/32(0.031)	5	粗粒シルト	シルト岩
1/64(0.015)	6	中粒シルト	泥岩
1/128(0.008)	7	細粒シルト	頁岩
1/256(0.004)	8	微粒シルト	
		粘土	粘土岩

表-1.4　泥岩の使い分け

	泥岩	頁岩	粘板岩
新生代	○	○	
中生代		○	○
古生代			○

　中生代より古い地質年代の凝灰岩類は、純粋地質学では緑色岩類と称されるが、建設工事の地盤地質の分野では慣例的に輝緑凝灰岩と呼ばれる。濃緑色、黄緑色、紫赤色などを呈することが多い。名称は似ているが、その工学的性質は第三紀の凝灰岩（一般に軟岩）とは異なって、一般に硬質・塊状の岩盤である。また、やはりよく似た名称の熔結凝灰岩は高熱の火山灰が堆積後に自らの熱で再溶融・

表-1.5　火山砕屑岩の分類[1]

分類の基準	放出時の状態 破片の形態・構造 破片の大きさ*	固体または半固体 特定の形態・内部構造をもたないもの	流動体 特定の形態をもつもの	流動体 多孔質のもの
火山放出物	>32mm	火山岩塊	火山弾	軽石
	32〜4mm	火山礫	溶岩餅	岩滓(スコリア)
	<4mm	火山灰	ペレーの毛・涙	
火山砕屑岩	>32mm（および細粒基地）	火山角礫岩 凝灰角礫岩	凝灰集塊岩（火山弾＋細粒基地） 岩滓(スコリア)集塊岩 溶岩餅凝灰集塊岩 溶岩餅岩滓(スコリア)集塊岩	軽石凝灰岩 岩滓(スコリア)凝灰岩
	32〜4mm	火山礫凝灰岩		
	<4mm	凝灰岩		

＊粒径の境界を32mmと4mmのかわりに64mmと2mmにしようというR.V. Fisher(1966)の提案があり、最近ではこれを用いる研究者も多い

固結したもので、火成岩の中の火山岩の性状に類似する。硬質ではあるが節理の発達が著しく、透水性が高い場合が多い。

(2) 火成岩

火成岩の分類は、表-1.6に示す通りである。基本的には産出状態（表の縦軸）と造岩鉱物の量比（表の横軸）の組合せにより岩石名が決定される。

表-1.6 火成岩の分類[2]

産出状態 \ 造岩鉱物量比	酸性岩		中性岩	塩基性岩	
深成岩的 Plutonic	花崗岩 花崗閃緑岩 Granite Granodiorite		閃緑岩 Diorite	はんれい岩 Gabbro	超塩基性岩類 Ultrabasic rock
半深成岩的 Hypabyssal	花崗はん岩 Granite-Porphyry		ひん岩 Porphyrite	輝緑岩 Diabase	
火山岩的 Volcanic	流紋岩 Rhyolite	石英安山岩 Dacite	安山岩 Andesite	玄武岩 Basalt	
SiO$_2$（％）	66％		52％	45％	
色指数（有色鉱物の量）	10％		40％	70％	

（表上部に示される造岩鉱物：石英 Quartz、カリ長石 Potassium、斜長石 Plagioclase、輝石 Pyroxene、雲母 Mica、角閃石 Amphibole、その他の鉱物、かんらん石 Olivine）

産出状態とは、その岩石が固化したときの状況を意味している。すなわち深成岩は、マグマと呼ばれる地球内部の岩石溶融体が地下深部でゆっくり冷え固まったもので、鉱物結晶は大きく成長しており肉眼で確認できる。花崗岩は深成岩の代表的な岩石である。火山岩はマグマが火山活動により地上（あるいは海底）に運ばれて急冷された岩石である。鉱物粒子は肉眼で確認できないほど細かく、安山岩や玄武岩などがこれに属する。これらは、急冷されたために生じる節理が一般に顕著である。半深成岩は、既存の岩盤の割れ目の中にマグマが貫入してできたものであり、深成岩と火山岩の中間的な場所での生成物である。したがって岩脈状の産出が一般的である。以上のような産出状態の差が、鉱物粒子の大きさや節理の発達形態などの違いとなる。

一方、造岩鉱物量比とは、その岩石を構成している鉱物の組合せを表している。表-1.6の左側にいくにつれて石英、長石類が多く含まれて酸性岩と呼ばれ、色調が白い。右側は、鉄やマグネシウムなどを多く含む角閃石、輝石、かんらん石（これらを有色鉱物と呼ぶ）の含有量が多くなり塩基性岩と呼ばれ、色調は黒っぽく、また比重も大きくなる。超塩基性岩とは、珪酸分の含有量が非常に少なく、かんらん石や輝石を主要構成鉱物とする岩石のことを指し、かんらん岩がその代表的岩石である。またこのかんらん岩が変質作用を受

けると、膨張性岩石で有名な蛇紋岩となる。この造岩鉱物の量比の差は、比重、色調のほか、風化生成物が酸性岩の場合は砂状であったり、塩基性岩では粘性土状である、というような違いにもなる。

地質学的な火成岩の分類は表-1.6であるが、これを建設工事の工学的な性状で見ると表-1.7のように6タイプを考えておけば十分である。工学的性状の違いは産状（火山岩・半深成岩・深成岩）が大きく関連するのでこれを優先し、次いで組成で意味を持つ境界が引かれている。

表-1.7 土木工学的に意味のある火成岩の分類

	酸性岩	中性岩	塩基性岩	超塩基性岩
火成岩	流紋岩 石英粗面岩	安山岩	玄武岩	
半深成岩	花崗斑岩	ひん岩	輝緑岩	
深成岩	花崗岩	閃緑岩	はんれい岩	蛇紋岩

(3) 変成岩

変成岩は、原岩の堆積岩や火成岩が生成後に受けた高い圧力や温度条件によって、もともとの組織や鉱物が変化して生じた岩石であり、その変成作用のタイプによって表-1.8に示すように大きく3つに分類される。

広域変成岩は、山地などを形成する際の地殻の運動により高い圧力を受けて生成されたものであり、片岩類や片麻岩類がこのグループに属する。片岩類は、片理面と称する規則的な板状の割れ目が発達しており、工学的に異方性を呈する岩盤の代表的なものである。一般に総称として結晶片岩と呼ばれるほか、含有鉱物を冠して石英片岩・石墨片岩・緑泥石片岩や、あるいは色調をとって黒色片岩・緑色片岩などとも称される。片麻岩は花崗岩に類似しているものが多く花崗片麻岩と称されることが多い。有色鉱物の多い部分と石英、長石の多い部分の黒白の縞状配列が見られるのが特徴的である。

接触変成岩は、地下深部のマグマが地表付近に上昇してできる火成岩体の周辺部でその

表-1.8 変成岩の分類[3]

変成作用のタイプ	原岩	変成度上昇→		
広域変成作用 regional metamorphism	泥質岩	黒色片岩 black schist	黒雲母片岩 biotite schist	片麻岩 gneiss
	塩基性岩	緑泥石緑色片岩 chlorite green schist	角閃石片岩 hornblende schist	透輝石角閃石片麻岩 diopside-hornblende gneiss
接触変成作用 contact metamorphism	泥質岩		黒雲母ホルンフェルス biotite hornfels	黒雲母菫青石ホルンフェルス biotite-cordierite hornfels
	塩基性岩		角閃石ホルンフェルス hornblende hornfels	透輝石角閃石ホルンフェルス diopside-hornblende hornfels
	炭酸塩岩		大理石 marble	
変形作用 dislocation metamorphism	各種岩石		ミロナイト mylonite	ブラスト・ミロナイト blast-mylonite

熱によって変成した岩石であり、ホルンフェルスが代表的なものである。ホルンフェルスは原岩である砂岩や泥岩が熱変成を受けてできた岩石で、一般に塊状・硬質である。原岩の層理などが残存して、工学的な異方性を呈することがある。

このほか、動力変成作用という断層運動に関連して生成される変形作用がある。著しく破砕された岩片や鉱物の集合体であるが、固結したものもある。ミロナイト（マイロナイト、圧破岩ともいう）はこの過程を経た岩石である。この種の岩石の分布範囲は、地域が限定される。

(4) 岩種から推定される問題点

ある程度の地盤地質の知識があり、かつ施工におけるトラブルを経験した者であれば、岩石の名前からそれが有する問題点を列挙することができる。これは岩石の成因、組成、経歴などに関する理解があると、定量的ではないにしろ工学的な問題の予測がある程度可能となるからである。例えば玄武岩と聞けば硬質で節理が多くダム基礎の場合には漏水に要注意とか、石灰岩なら鍾乳洞の存在を考えねばならないということなどである（表-1.9）。

1.1.3 風化・変質

風化は、岩石が主として地表面からの熱、大気（酸素）、水などの影響により物理的・化学的変化をする現象で、一般には長期にわたる変化をいう。新第三紀の泥岩などの岩盤掘削面が空気にさらされてボロボロになる現象を「風化が早い岩」などと称しているが、これは水侵あるいは吸水によって岩石組織が壊れて泥土化するスレーキング（写真-1.2）である場合が多く、厳密には風化とはいわない。

風化現象を説明するうえで、最も代表的なものは花崗岩や閃緑岩の風化産物のマサである。このマサは元の岩石の組成鉱物が等粒状でかつ各鉱物の熱膨張係数が異なることから、結合が崩れ砂状になったものである。深成岩では、鉱物粒子が大きいことが深部まで風化が進む現象につながっている。

写真-1.2 泥岩のスレーキング

また原岩の組成鉱物の違いによって、風化したものが砂質となるか、粘性土質となるかというような違いにもなる。花崗岩のマサは砂状であるのに対し、はんれい岩や輝緑岩の風化生成物は粘性土となる。

風化が地表からの作用による現象であるのに対し、変質は地球内部からの熱、化学的物質などの作用による変化である。変質の結果、建設工事の分野で問題となる性質として、水分によって岩石が堆積膨張する膨潤がある。この現象には変質によって生成された粘土

表-1.9 岩種からイメージされる性状・問題点[4]

鉱物（モンモリロナイトなど）が関係しており、トンネル工事や法面掘削、構造物基礎などで問題となる。また変質で代表的なものとして温泉余土があるが、これは凝灰岩や玄武岩などが温泉ガスなどによって変質し粘性土状になったもので、地すべりや膨張性トンネルなどの問題を起こす。

1.2 地盤の構造

地盤の構造には地盤ができるときに生成されたものと、できあがってから以後に種々の外力が加えられたことによるキズとがあり、その大きさには大陸規模のものから顕微鏡対象のものまである。

建設工事の分野で対象となるような地質構造を規模の順に並べると、次のようになる。地質学的用語としては並べるのに不適当なものもあるが、イメージとしてこのような規模の順であると考えてよい。

　大規模：構造線、褶曲（背斜軸・向斜軸）整合・不整合
　中規模：断層あるいは破砕帯、シーム、層理（堆積構造）
　小規模：片理、節理、葉理、片麻状構造

このような地質構造は、岩石・岩盤に工学的異方性を与える。工学的異方性とは、強度・変形性・透水性などの性状が方向によって異なることで、とくに強度については力のかかる方向との関係で大きな差を示すことがあり、建設工事の設計・施工では見逃せない性質である。

1.2.1 大規模な地盤構造

構造線とは、地質構造区を区画するような大規模な断層のことである。図-1.2に日本列島の主要な大構造線を示すが、糸魚川・静岡構造線（フォッサマグナ）や中央構造線（中部・紀伊・四国・九州）がとくに有名である。これらの構造線沿いには地すべり地帯が多く分布し、地盤が脆弱である。

褶曲とは、層状構造をもつ岩石が曲げられた状態をいう。圧縮による変形と考えられる。褶曲は図-1.3に示すように、上に凸な形の背斜と、凹な形の向斜とがあり、一般に対になって出現することが

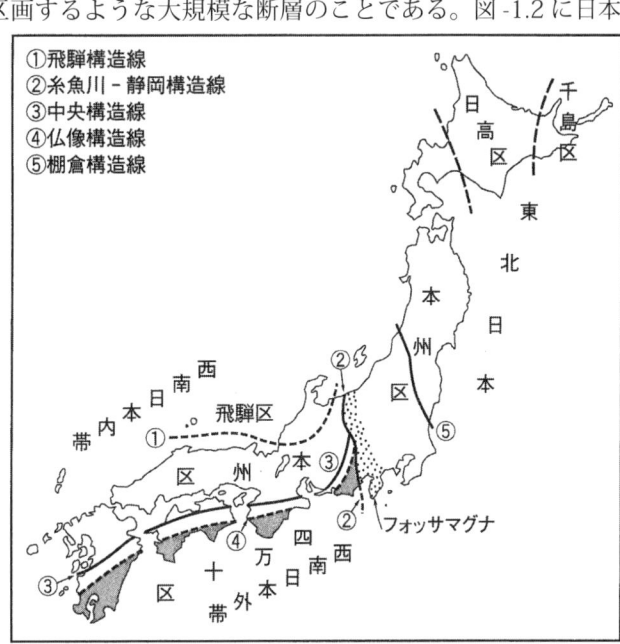

図-1.2　日本列島の主要な大構造線[5]

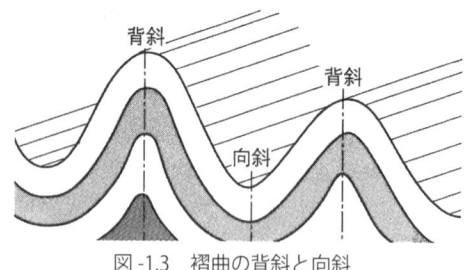
図-1.3 褶曲の背斜と向斜

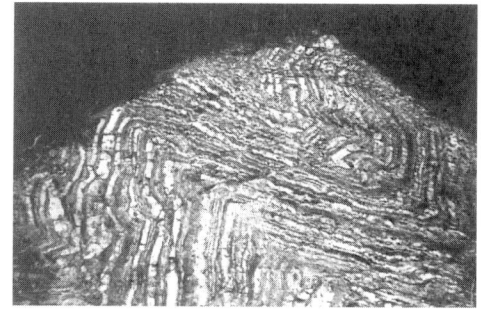
写真-1.3 岩盤内の褶曲

多い。
　褶曲軸の近傍では変形時のひずみが集中して亀裂の多い傾向があり、脆弱で高透水性となりやすい。広域な褶曲は全体を一目で見ることが難しいが、写真-1.3のようなごく小規模のものはしばしば観察される。
　整合・不整合は岩盤の場合には地下水の経路や被圧などに影響するので考慮することが必要になることがある。

1.2.2 断層

　地盤がせん断されることによって、ある面を境にして両側の岩盤が相対的に変位している場合、この不連続面を断層という。
　断層に沿ってせん断時の破砕・劣化や、その後の風化などによってある幅の脆弱なゾーンが形成されるが、これを断層破砕帯と呼んでいる。また、いくつかの断層が集まってひとまとめにできるゾーンの場合にも断層破砕帯という。断層破砕帯の内部は、図-1.4に示すように粘土化した部分、破砕されて礫状になった部分、破砕を免れた部分などで構成される。

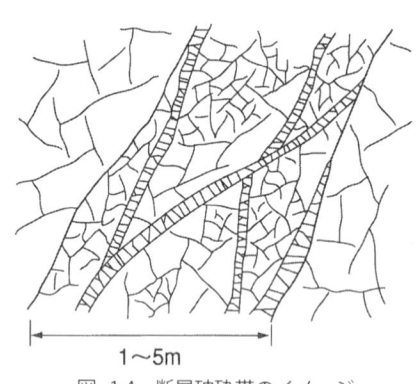
図-1.4 断層破砕帯のイメージ

　断層破砕帯は、力学的には低強度・高変形性が問題となるため、岩盤における建設工事での設計・施工に際して大きな関心事となる。また、地下水を滞留させやすい部分と、遮断する部分とが混在するため、トンネル工事などでは大量突発出水の原因となることがある。
　主に原子力関連の施設やダムなどにおいて問題視される「活断層」については、地質年代の第四紀（150～260万年前以後）に入って活動した痕跡のある断層という定義が一般的であり、「第四紀断層」とか「地震断層」とも呼ばれる。前述の糸魚川・静岡構造線や中央構造線はこれに該当し、1995年1月の兵庫県南部地震（阪神・淡路大震災）では野島断層が脚光を浴びた。2011年3月の東日本大震災後においては、原子力規制委員会により原子力発電所の新安全基準骨子がまとめられており、「13～12万年前以後」もしくは「約40万年前以後」に変更する検討がなされている。
　シームは、規模の小さい断層のことで一般に数cm幅の粘土で構成されているものを指

写真-1.4　花崗岩中のシーム

す土木用語である。断層との区分が不明なこともあるが、写真-1.4のようなものをいう。

なお断層に関連した「鏡肌」とか「スリッケンサイド」は断層が変位したときにできた面やひっかき傷のことで、平滑で粘土が付着しておりきわめて滑りやすいため、トンネル切羽や法面で問題となることがある。

1.2.3 片理・層理・節理などの割れ目・不連続面

岩盤中に見られる亀裂や分離しやすい面のことを、「割れ目」または「不連続面」と呼ぶ。これらの割れ目・不連続面は、生成原因によって片理・層理・節理などの種類がある。

片理とは、変成岩に特有の不連続面で、圧力変成の結果生じたものである。とくに結晶片岩と呼ばれる岩石の片理面は薄い板状を呈することが多く、異方性が著しい。

層理は、堆積岩の堆積面を示す不連続面である。チャート・粘板岩・頁岩などでは、層理面によって異方性を呈することが多い。

節理とは、一般に規則性のある分布をした比較的平滑な割れ目をいうが、そのような特徴をもたない単なる亀裂を含めることもある。火成岩では、その岩石生成時の冷却によって生じた節理があり、安山岩・玄武岩での柱状節理や板状節理、花崗岩の方状節理などがある。堆積岩・変成岩では、断層と同じく地殻運動の結果生じた割れ目を節理と呼ぶ。

表-1.10　岩盤中の不連続面

種類	火成岩	堆積岩	変成岩	特　　徴
断層・シーム	○	○	○	規模によって構造線・断層破砕帯・シームなど
片理			○	結晶片岩
層理		○		チャート・粘板岩・頁岩などの堆積岩
節理	○	○	○	火成岩では安山岩・玄武岩での柱状節理や板状節理、花崗岩の方状節理

以上をまとめると、表-1.10となる。

1.2.4 走向と傾斜

上述のような割れ目や不連続面は、地質踏査の際に図-1.5に示すクリノメータと称する器具によって、その面の方向と傾斜とが測定される。対象とする面と水平面とがなす交線の方向を「走向」、最大傾斜方向（走向に直角方向）の水平面からの傾きを「傾斜」と

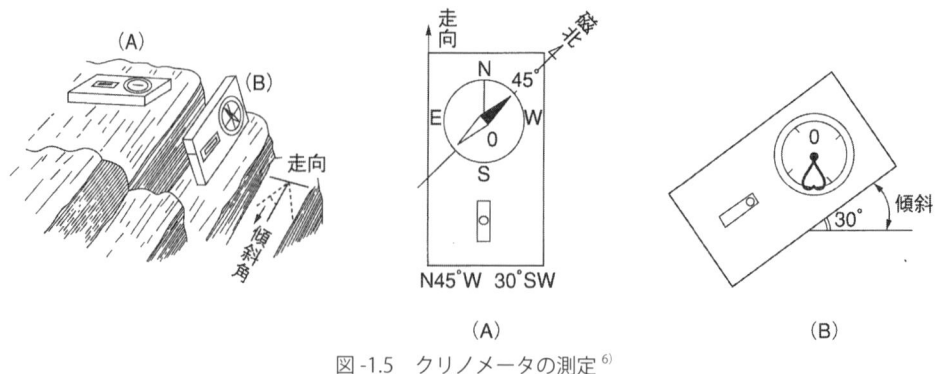

図-1.5 クリノメータの測定[6]

いう。図-1.5 中に記されているように、走向は「N45°W」と、磁北から西または東側に何度の方向か（この例では北から 45°西へ）を、傾斜は「30°SW」というように下がっている側がどちらの方向に水平面から何度傾斜（この例では南西側に 30°下がり）と測定する。

この走向と傾斜のデータが数多く集まり、それによって対象とする範囲全体の傾向を把握しようとするときには、図-1.6 に示すシュミットネットを使って、各データをプロット後、図-1.7 のような密度分布図としてまとめる。シュミットネットへのプロットの方

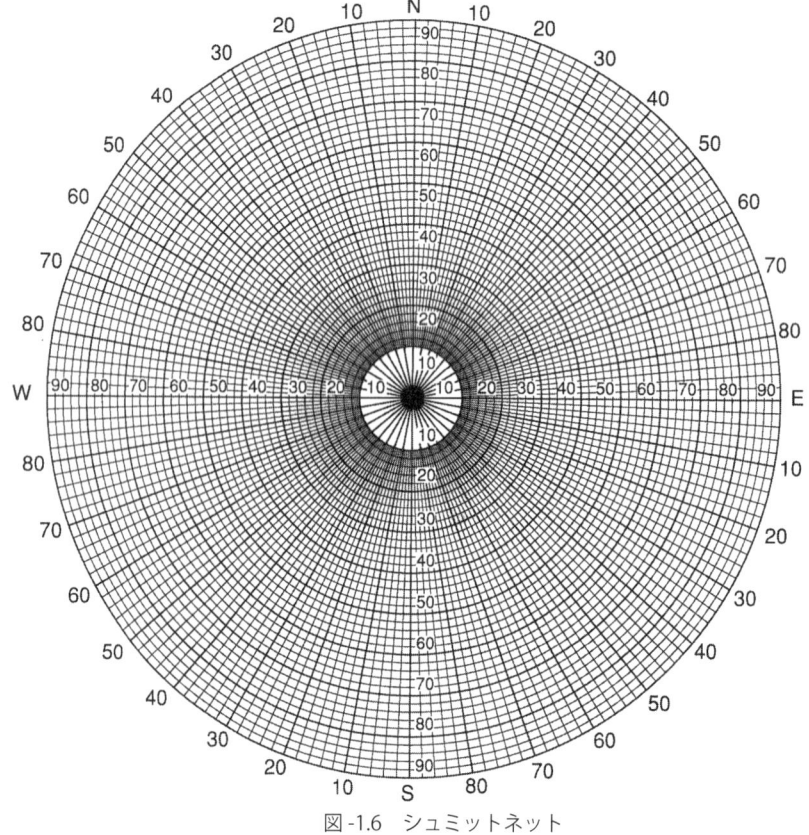

図-1.6 シュミットネット

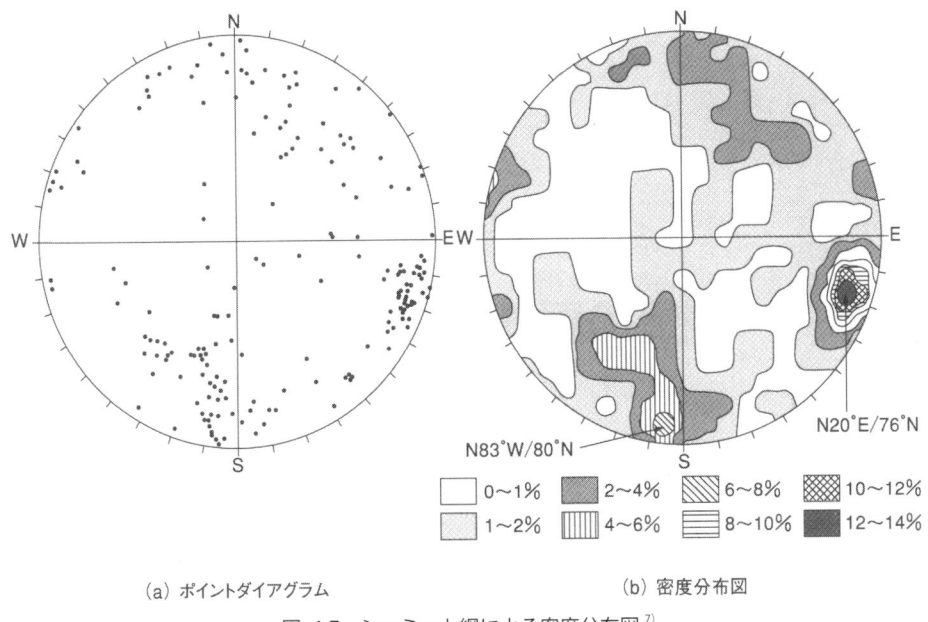

(a) ポイントダイアグラム　　　　(b) 密度分布図

図-1.7　シュミット網による密度分布図[7]

法は、次の通りである。
　①図-1.6を、方位に合わせて置かれた球の下半球と考える。
　②球の中心に、プロットしたい平面をその走向・傾斜で置く。
　③球の中心で平面に垂線を立てる。
　④その垂線の延長が下半球と遭遇する点をプロットする。

　原理としては以上であるが、実際のテクニックとしては、走向と直角な方向（走向がN45°WならN45°E方向）の直径上で、傾斜方向と逆側（傾斜が30°SWならNE側）に傾斜角（30°）をプロットすればよい。一般には建設技術者はこのプロットされた結果を見ることになるが、その理解のためにも自分で上の説明に従ってプロットしてみることを薦める。

1.2.5 偽傾斜

　傾斜する面の最大傾斜方向（走向に直交方向）の断面では、真傾斜で見えるが、それが斜交すると緩い見かけの傾斜となる。これを偽傾斜という。

　偽傾斜は、$\tan \delta' = \tan \delta \times \cos \theta$（ここで$\delta'$：偽傾斜角、$\delta$：真の傾斜角、$\theta$：両方向の交差角）で算定される（図-1.8）。

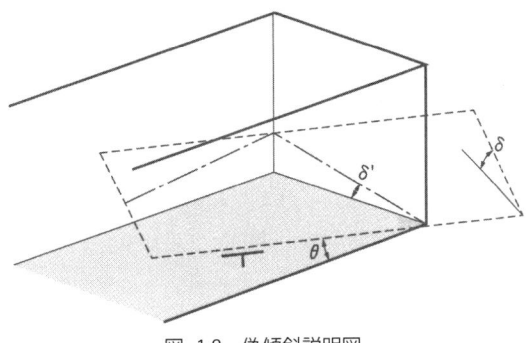

図-1.8　偽傾斜説明図

〔引用文献〕
1) 岡村聡ほか：岩石と地下資源、東海大学出版会、1999
2) 大久保保雄・藤田至則編：新版　地学ハンドブック、築地書館、1984
3) 黒田吉益：偏光顕微鏡と岩石鉱物、共立出版、1968
4) 古部浩：岩種から予測される施工上の問題点に関する対比表の私案、応用地質、32巻3号、1991
5) 稲森潤ほか：一般地学、東京教学社、1982
6) 湊正雄監修：日本列島のおいたち－地学教育講座－、福村出版、1967
7) 田中治雄：土木技術者のための地質学入門、山海堂、1968

2. 地盤の調査と試験・分類

　建設工事においては、種類や量の多寡はあるにしても何らかの地盤調査と試験が実施される。しかしこれらの調査や試験を、地盤全体に展開することは不可能であり、サンプリングという形で調査・試験地点が選定される。またどのような調査・試験方法を用いても設計・施工などに必要な全ての情報を得ることは困難なので、いくつかの方法を組み合わせるなど、できるだけ有効な方法を選定することが求められる。このような調査・試験によって得られた結果を、建設工事の対象となる地盤全体に適用して設計や施工用の情報に加工するために、地盤の分類がなされる。岩盤・土砂というような分類はその簡単な例である。この分類は一般に肉眼鑑定による定性的なものが多い。

　この章では、調査・試験・地盤分類の種類や方法について解説するが、重要なことはこれらの結果はけっして完全無欠のものではなく、むしろそのどれもが、あるいはそれぞれの結びつきの中に問題を抱えているものであるということを認識する必要がある。

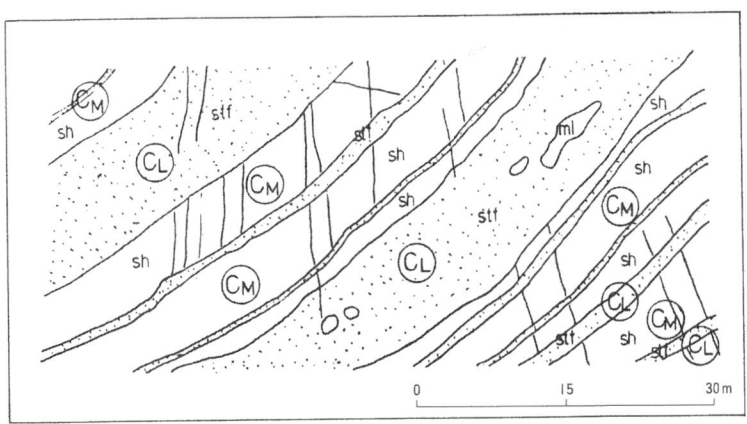

写真-2.1　ダムの基礎岩盤とそのスケッチ[1]

2.1 地盤地質の調査

　地質の専門技術者が行うような地質調査の方法ではなく、建設技術者の立場で地形や地盤地質を観察したり、入手した地質調査報告書などを解釈するうえでのポイントについて述べる。

　施工開始前に、担当技術者は自分自身で下記の事項を行うことが望ましい。自分で見、考えて問題意識を持ち、それを基にして施工を担当することが必要である。

①地形図の判読
②現地の地形，地盤地質，環境などの調査
③現地における構造物レイアウトのイメージ
④ボーリングコアの観察
⑤地質調査報告書からの問題点の判読

2.1.1 地形判読

　自然地形には、地盤の構成物や地質構造などの地盤地質性状が反映されたものがあり、建設工事の問題点を予測するうえでヒントを得られることがある。地形図や空中写真を判読したり、現地視察によって地形ができた根拠を判断することが重要である。

(1) 地形図の入手

　地形図は、施工箇所に範囲を限定した大縮尺（例えば千分の1）のものだけでなく次のような小縮尺の地形図も入手したほうがよい。地すべりをはじめ特徴ある地形は、この程度の縮尺のほうが読み取りやすいことが多いからである。

　・5万分または2.5万分の1地形図：国土地理院の発行で大きな書店で販売
　・1万分または5千分の1地形図：市町村で都市計画用などに作成されており、一般に購入可能

　また空中写真は（財）日本地図センター（東京都目黒区青葉台4-9-6 電話03-3485-8125）で購入でき、重複部を有する2枚の写真から立体視することができる。

(2) 特徴のある地形

　建設工事に関する特徴ある地形としては次のものがある。

i) 地すべり地形

　図-2.1のように上部に急崖をなす滑落崖があり、下部にはこんもり盛りあがったような緩斜面がある場合、地すべり地である可能性が高い。小段差の繰返しのような形状のこともある。山間部で見られる棚田は地すべり地である箇所が多い（写真-2.2）。地すべり地のようなところの利用は人は避けると思いがちであるが、緩い傾斜と土砂地盤であるため人力での造成が容易でしかも地下水が豊富という条件もあり、変動が大きくなければ実際には利用されていることも多い。

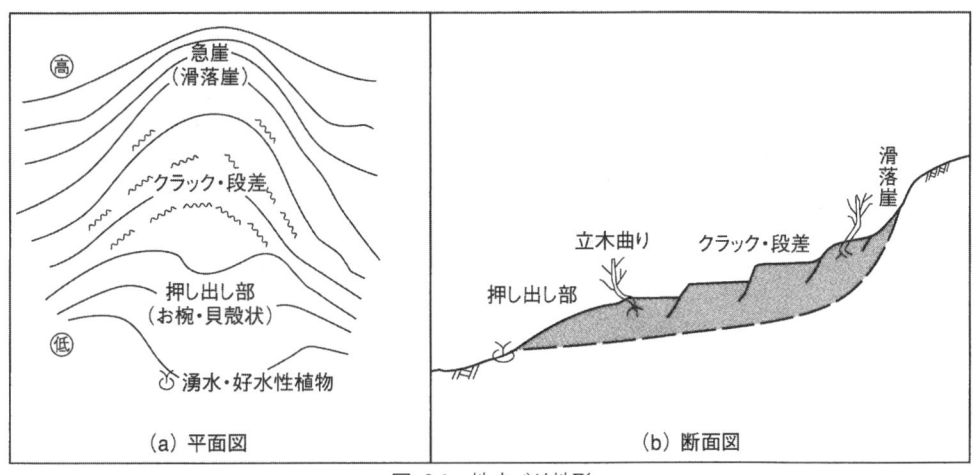

図-2.1 地すべり地形

写真-2.2 地すべり地の棚田

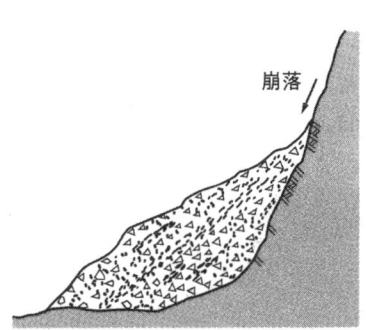

図-2.2 崖錐の模式図

ii) 崖錐地形

崖錐は斜面上部からの崩壊物が山裾や斜面上に堆積したもので、上部の山腹斜面を構成する地盤地質の破砕物から成る（図-2.2）。

iii) 断層地形

断層の存在が推定される地形には図-2.3のケルンコル・ケルンバットや、図-2.4に示す断層崖などがある。地形図や空中写真によるリニアメント（連続する線構造）の抽出からも推定できる。

図-2.3 ケルンコルとケルンバット

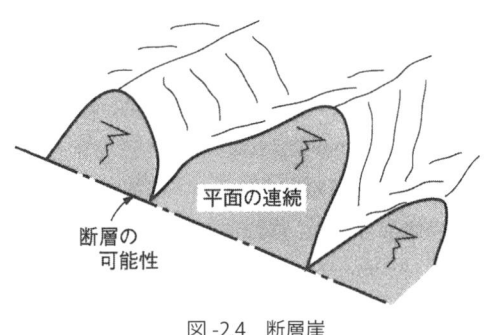

図-2.4 断層崖

iv）段丘地形

過去の河床堆積面が隆起して、現在中位標高に平坦面を形づくっている地形である。段丘堆積物と下部の基岩との境界に地下水が集まりやすい（図 -2.5、写真 -2.3）。

降起した旧河床面
浸食
基岩

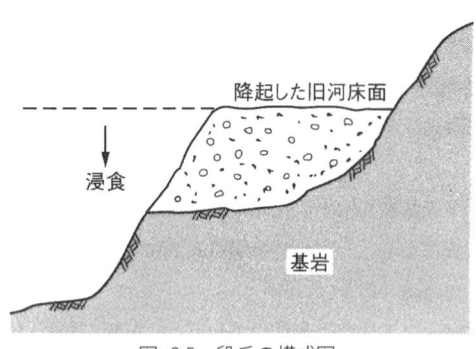

図 -2.5　段丘の模式図

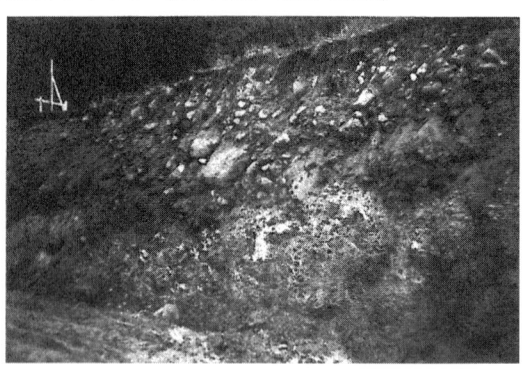

写真 -2.3　段丘堆積物と基岩の境界

v）異常な緩斜面地形

周辺に比べて異常に緩い傾斜の地形である場合、そこを構成する地盤地質が、緩斜面でしか安定できないような弱い地盤地質性状であることがある。地すべり地であることもある。

vi）遷急線付近

図 -2.6 に示すように、地形勾配の変化部である遷急線より上では風化層が厚く、不安定であることがある。

風化層
遷急線
新鮮岩

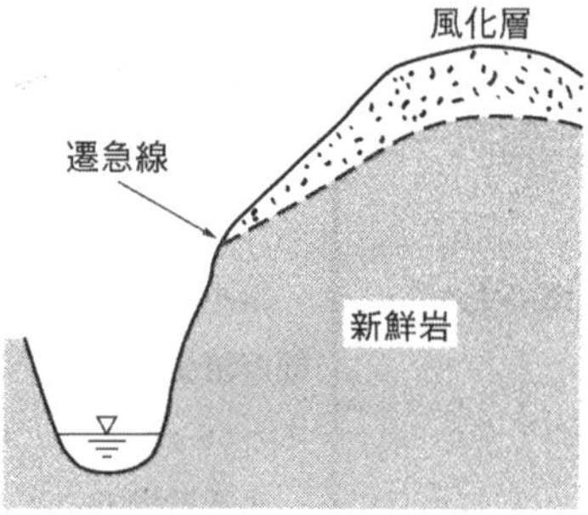

図 -2.6　地形の遷急線

vii）集水地形

明確な水系であればその処理がなされるが、あまり明確でないため見逃した場合、集中豪雨などにより問題となることがある。とくに法面上部に広範囲の山腹が存在するときには、その表面水の経路を調べておくことが必要である（図 -2.7）。

図 -2.7　背後の集水地形 [2)]

viii）ケスタ地形

図 -2.8 に示すように左右が非対称の傾斜を持つ斜面が繰り返す場合、緩斜面側の掘削が要注意である。このような地形をケスタ地形と呼ぶ。これは、堆積岩の地層の傾きを反映したものであることが多い。

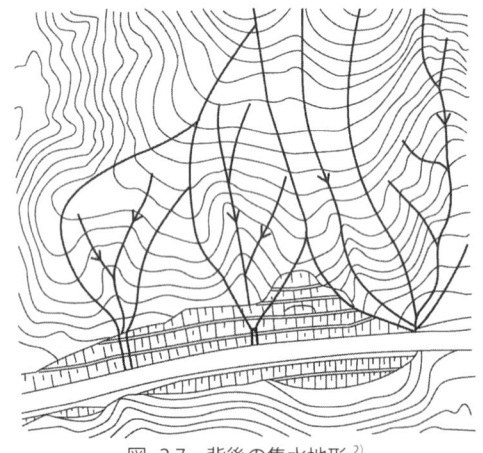

単斜構造：地層が同方向に一様に
傾斜している構造

図 -2.8　ケスタ地形

ix）崩壊地形

現地では、比較的最近の崩壊は植生の剥げた部分で簡単に見分けられる。規模が大きいものは地形図にも表現がなされている。

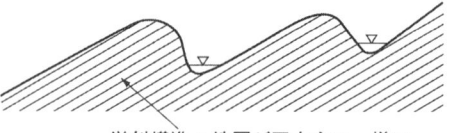

これらが建設工事箇所の上部にあるときには、防護を検討する必要がある。

2.1.2 現地踏査

　これから工事を始めようとする付近の踏査をする場合、地盤地質の状況を直接観察することのほか、前述のように地形から地盤地質にかかわる事項を読み取ることができる。地形を見るためには、いきなり現地に入りこまず、遠くから見渡したり、いろいろな方向（上下左右）から大きく把握しようとするほうがよい。そこに構造物の施工途中や完成後の姿などをイメージし、問題となりそうな箇所を現地でじっくり考えることが必要である。また、該当地だけではなく、周辺の地域に注意を向けることからも、有用な情報が得られることがある。

　遠方からの地形概観後、サイトに近づいて観察する項目には次のものがある。観察の結果は地形図の該当位置に記入する。この記入は体裁にとらわれず、何でも書き残しておこうとすることがよい。このほか構造物を念頭において、気付いた点をメモしておく。

- 地盤構成物の種類：崖錐，礫層，風化岩，露岩など
- 岩石の種類：わからなければサンプル持ち帰り
- 岩石の硬さの程度：例えばハンマーで叩くとカンカン・ボクボクなど（表-2.1 参照）
- 岩盤の割れ目の特徴：規則的な傾向があるか，あればその形状，その走向・傾斜と構造物や法面の方向との関係など
- 湧水点，沢水：位置，量，色，濁り，温度など

表-2.1　ＩＳＲＭ指針「手ざわりによる指標」[3]（和訳）

区　分		表　示	手ざわり	圧縮強度の目安 (N/mm²)
粘土	S－1	非常に軟らかい粘土	握りこぶしがたやすく数インチ入る	< 0.025
	S－2	軟らかい粘土	親指がたやすく数インチ入る	0.025～0.05
	S－3	しっかりした粘土	やや力を入れて親指が数インチ入る	0.05～0.1
	S－4	硬い粘土	親指でたやすく凹むが入れるには大きな力がいる	0.1～0.25
	S－5	非常に硬い粘土	親指の爪がたやすく入る	0.25～0.5
	S－6	堅固な粘土	親指の爪を入れるのは困難である	> 0.5
岩石	R－0	極めて弱い岩石	親指の爪が入る	0.25－1
	R－1	非常に弱い岩石	ナイフで削れる。ハンマーの剣先で強打すれば砕ける	1～5
	R－2	弱い岩石	困難だがナイフで削れる。ハンマーの剣先で強打すれば浅く凹む	5～25
	R－3	やや強い岩石	ナイフでは削れない。試料片はハンマーで強く一撃すれば砕ける	25～50
	R－4	強い岩石	試料片を砕くにはハンマーで一撃以上必要である	50～100
	R－5	非常に強い岩石	試料片を砕くにはハンマーで何回も叩く必要がある	100～250
	R－6	極めて強い岩石	試料片は砕けずハンマーで欠けさせることができる程度	> 250

（International Society of Rock Mechanics Manual Index Test より SI 単位に変換）

- 植生の種類：竹やぶや湿地性植物
- 植生の状況：目の高さの樹径，周辺との調和，立木の曲がり（写真-7.2 参照）……50〜100 年成木に異常なく、5〜10 年木に根曲がりがみられる場合、"表層クリープ"の可能性
- 地形の段差とその連続：山腹のほか田畑など

なお現地で見られる地質・地形の中には、重力や地殻変動などの物理的な自然の作用のみでなく、人工的（動・植物も）な作用が加わっていることがあり、判定を誤ることがある。2013 年東京都東村山市の工場跡地で行われた立川断層の発掘調査で、活断層の痕跡と判断されていたものが実はコンクリート塊であったことなどである。実際の建設現場でも類似の判断ミスは多くあり、地盤に関する知識のみでなく建設工事のやり方など幅広い観点が必要である。

2.1.3 ボーリング

ボーリングは、図-2.9 のような装置で地中に孔を掘り、地盤サンプル採取や各種の情報を入手するための調査である。一定規模の建設工事ならば必ず実施されるといってよく、ポピュラーな方法である。

土質地盤のボーリングでは、コア採取と交互に 1 m ごとに N 値が測定（貫入試験）される。これは、決められた器具・寸法で重りを落下させ、30cm 貫入するのに要する落下回数で表される。当然 N 値が大きいほうが締まった地盤ということになる。この N 値を岩盤や砂礫層で測定したかのようなデータを見かけることがあるが、一般にはそのような地盤では貫入試験の先端シューが損傷してしまうので実施しないものである。

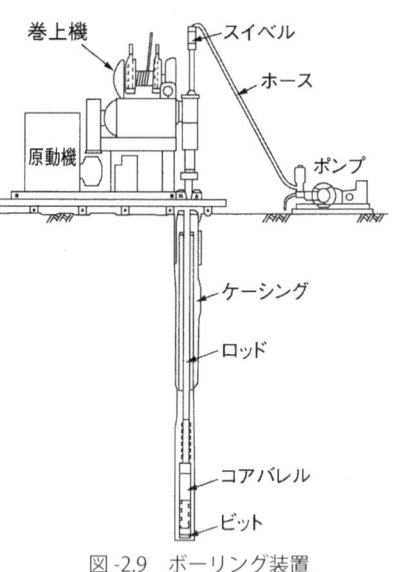

図-2.9 ボーリング装置

(1) ボーリングコアの観察

ボーリングによって得られる地盤サンプルをボーリングコアという。ボーリングコアを見る場合、コア箱を深度に従って重ねて連続させ、全体を大きく把握することが必要である。複数のボーリングがあれば、それらを同時に並べて見ると新たな知見が導かれることがある。

ボーリングコアは、ボーリングの孔径や、オペレータの技量によって異なる形状となるものである。岩盤でのボーリングの場合、良好なコアの場合にはそのまま良好な岩盤と判定してよいが、細片化していたり、欠落しているからといって必ずしも劣悪な岩盤といえないことがある。割れ方や割れ目への付着物によって実際の地盤でのものか、あるいは採取時の人為的なものかを判定できることもある。そのほかにも削孔時の水によって粘土が

流される可能性など、ボーリング実施時のいろいろな状況を踏まえて観察することが必要である。

(2) ボーリング結果の記録

ボーリングコアを観察して図-2.10 のようなボーリング柱状図に記載する。

建設技術者が自分でボーリングコアを鑑定して柱状図を作成することは少なく、一般には地質専門技術者が作成したボーリング柱状図を利用する。そうではあってもボーリングコアの実物（無理ならコア写真）を見て、岩盤に対する自分なりの感触を抱くことは必要である。その際、ボーリング柱状図と照合すると、記載内容の理解に役立つ。土砂（表土，崖錐など），風化ゾーン（変色，軟質化，細片化など），新鮮部，破砕帯（粘土化，細片化など）などとの構造物との関係，構造物への影響などを考えながら観察する。

ボーリングコアの鑑定項目の中にＲＱＤがあるが、これは「長さ 10cm 以上の棒状コアの長さの総和が、掘削長１ｍ中に占める割合（％）」と定義される。10cm にこだわらなくても、目的に応じて種々の棒状コア長さで調べてみるのも面白い結果を得られることがある。

ボーリングコアの鑑定の結果は、図-2.11 に示すように各ボーリングで同定される鍵層（明らかに同一層とみなされ、他の層と区別でき、連続性があるもの）を基準にして層序を組立て、地盤地質図作成の基にする。

(3) ボーリング結果の利用例

３本以上のボーリングで、鍵層あるいは同一の断層と見なされるものが存在する場合、地形図上での作図によって地下における立体的な分布状態がわかり、その走向と傾斜を求めることができる（走向と傾斜については 1.2.4 を参照のこと）。

例えば図-2.12 のように、３地点でボーリングがなされ、その柱状図中に断層位置が示されているものとする。この３つのボーリングに出現した断層はすべて同一のものであり、かつ平面をなしているものと仮定すれば、その断層の走向と傾斜が求められる。その方法を以下に示す。

i) 走向の求め方
①各ボーリング位置で孔口標高と深度とから断層の標高を求める。図-2.12 では No.1 が 50m、No.2 が 110m、No.3 が 80m となる。
②①で求めた標高のうち最高（No.2）と最低（No.1）のボーリング位置を直線で結ぶ。
③②の直線上に①で中間の断層標高（No.3）と同じ標高（80m）をプロットする。
④③の点と中間ボーリング位置（No.3）とを結ぶ直線が走向である。
⑤Ｎ方向よりその値を読み取る。図-2.12 では N40°W となる。

ii) 傾斜の求め方
⑥②で使った点（No.1 と No.2）を通り、④の走向線に平行な直線を引く。No.1 を通るのは標高 50m の走向線、No.2 は標高 110m の走向線ということになる。

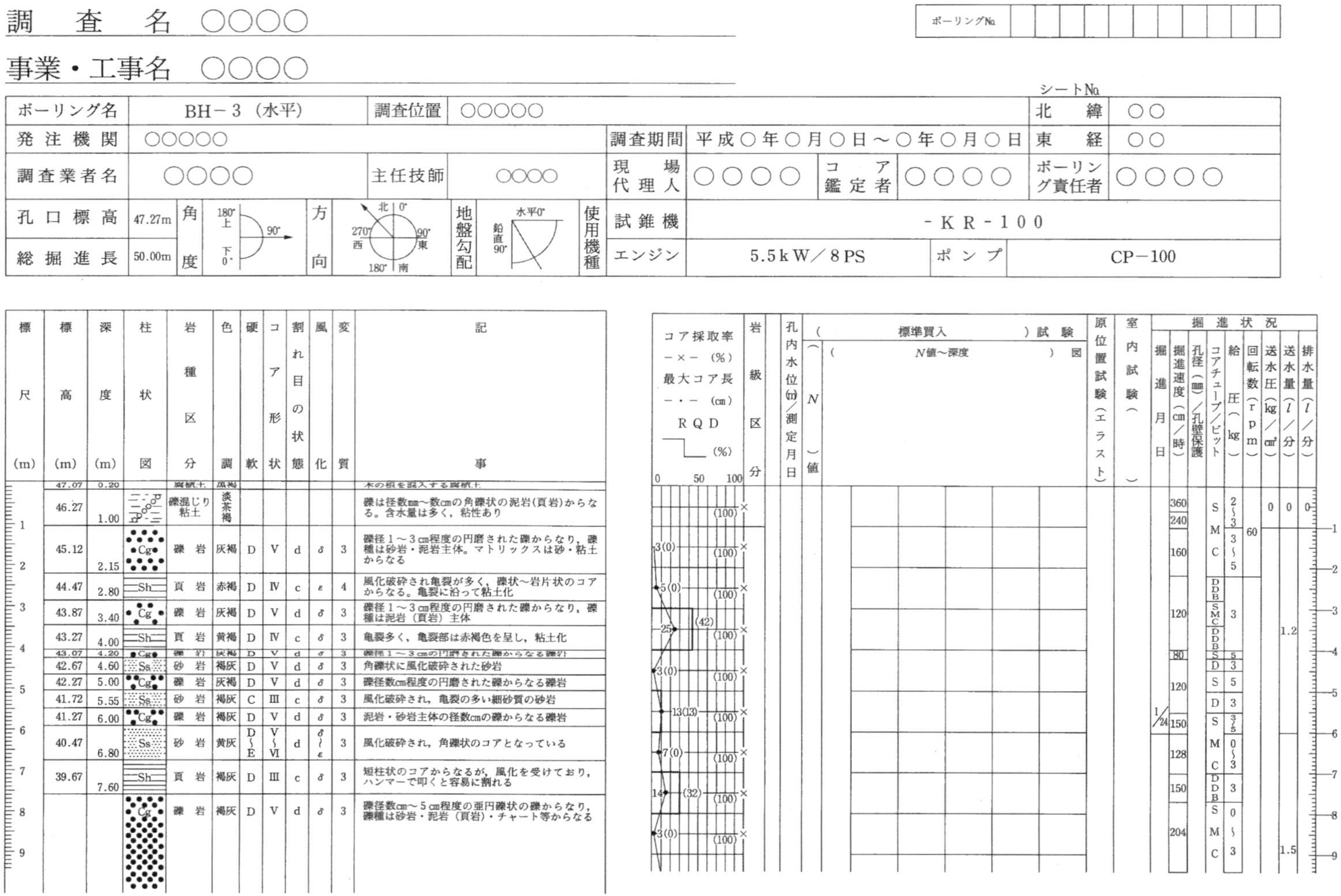

図-2.10 ボーリング柱状図の例[2]

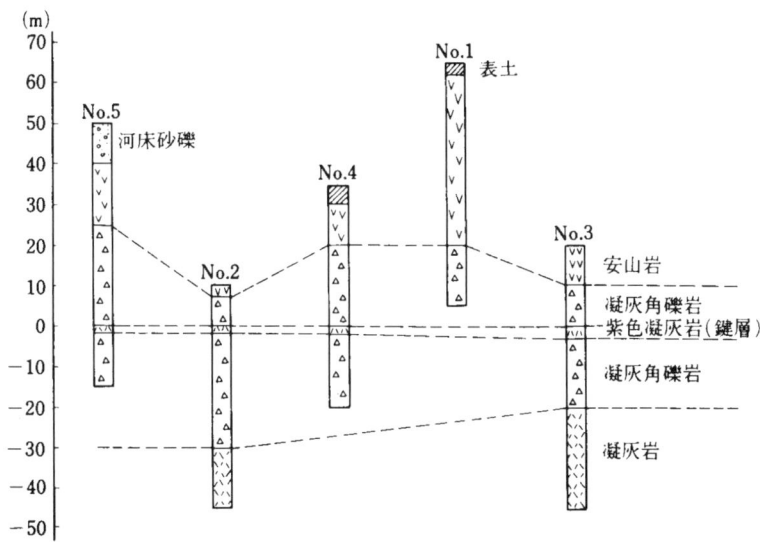

図-2.11 ボーリング対比図[4]

⑦⑥の2本の平行線に直交する直線を任意の位置に引く。
⑧最高・最低の標高差（60m）と、⑥の2本の平行線間隔とから傾斜を求める。図-2.12では35°SWとなる。

同図においてさらに以下の作業を進めると、地形図上に断層の地表露頭線を作図することができる。

iii) 地表露頭線の求め方
⑨標高50、80、110mの走向線に平行な5mピッチの等高線を、標高80〜135m（地形等高線の範囲）の間で引く。
⑩⑨の各等高線と地形図の等高線との値が合致する点をマークする。
⑪そのマークをつなげば地表露頭線となる。その際山頂付近に要注意。

またA-B間の地盤断面図を次のように作図することができる。

iv) 断面図
⑫断面図にスケール通りの標高を記入する。
⑬A-Bラインと交差する地形線を断面図に下ろす。
⑭A-Bラインと交差する走向線を断面図に下ろす。

この断面図の断層の傾斜は偽傾斜（1.2.5参照）となる。

(4) ボーリング孔による事故例

図-2.13は地表が粗造成された土地でまだ排水施設は設けられておらず、一面水たまりの状況にあった。ここに宅地完成後に供する下水道トンネルを施工していたところ、突然出水しトンネルは水没した。トンネルのための調査ボーリング孔が施工ライン上にあったためで、ボーリング孔が地表のたまり水の排水ルートになったものである。

図-2.14は都市土木での立坑の掘削中に、底盤から地下水が噴出して水没した例である。

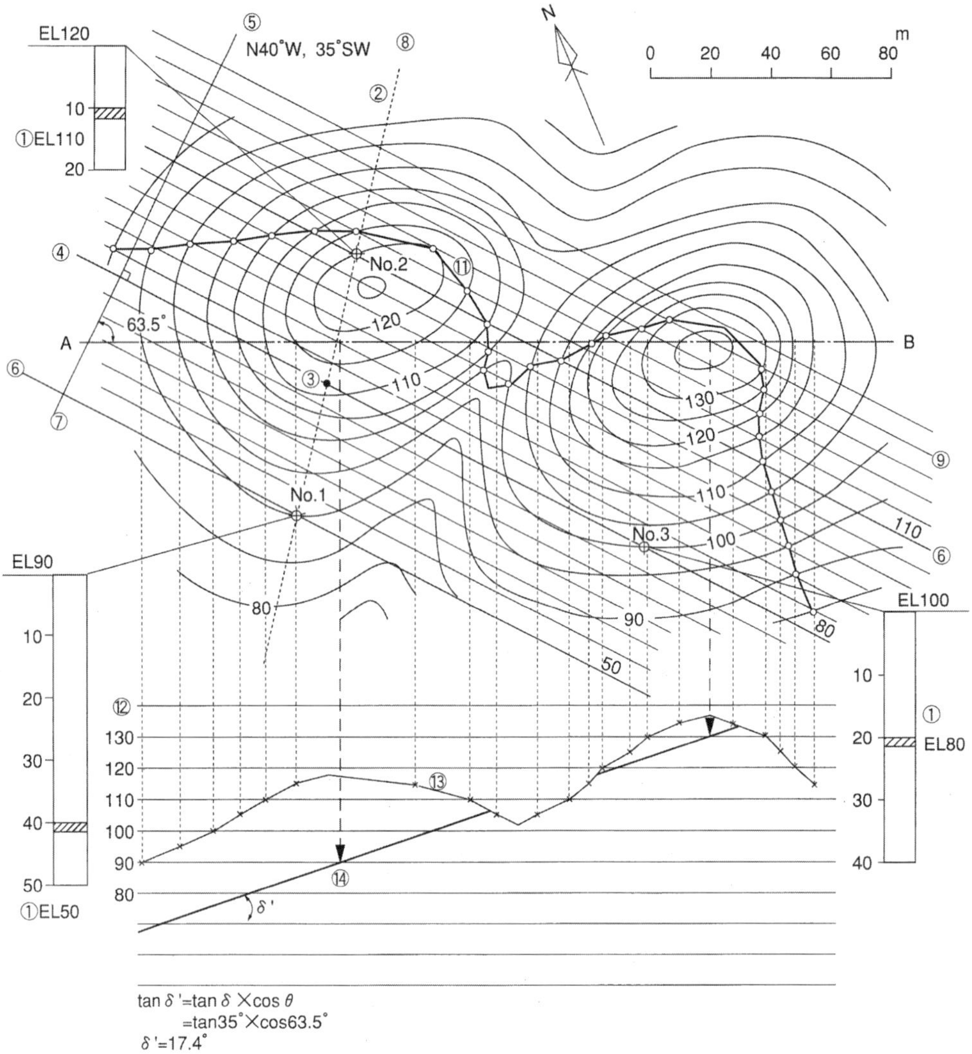

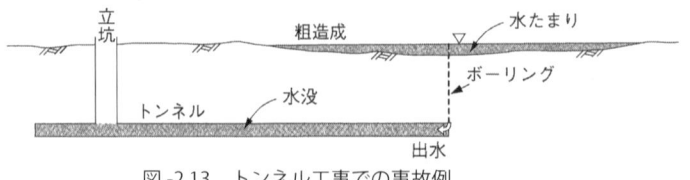

$\tan \delta ' = \tan \delta \times \cos \theta$
$= \tan 35° \times \cos 63.5°$
$\delta ' = 17.4°$

図-2.12 3本のボーリングからの走向・傾斜および地表露頭線の求め方

図-2.13 トンネル工事での事故例

事前の調査で底盤の下には被圧された滞水層があるものの中間に十分な厚さの遮水層が存在することを確認し問題はないものと考えていたが、滞水層まで届いていた1本のボーリングが地下水を導いた。

このように細いボーリング孔ではあっても、水が関係してくると大事故になる可能性がある。ボーリング終了

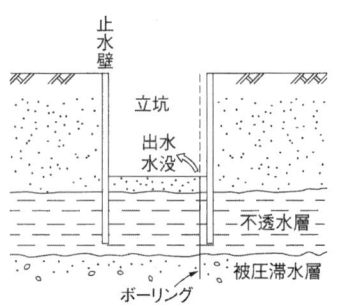

図-2.14 立坑工事での事故例

後には、その孔をあとで使用しない限り必ずセメンテーションなどによって充填しておかなければならない。また、施工担当者はそれを確認することが必要である。

2.1.4 弾性波探査

弾性波探査は、トンネルやダムなどの調査では必ずといってよいくらい実施されている。これは、地盤に振動を与えて弾性波の伝播速度を測ることにより、地盤の風化・破砕の程度や、断層と推定される低速度帯の位置を知ることなどが目的である。弾性波にはP波（縦波）とS波（横波）とがあり、一般に弾性波探査という場合は前者を対象としている。P波は最初に到達する波のため到達時期の判定が容易なためである。それに比べてS波は通常の発振方法では到達の判定が難しいことが多い。

弾性波探査のうちよく見られる屈折波法の基本的な測定の原理を図-2.15に示す。発破や大ハンマーなどで地盤を振動させて弾性波を発生させ、測線上に並べた複数の受振器（図の(a)）で波の伝播時間をオシログラフ(b)に記録する。この時間を縦軸にとり、横軸には距離をとって走時曲線(c)を作成する。この図の走時曲線では、振源(O)からP_2点までは地表付近を通過する波が振源からの距離が近いので最も速く受振点に到達し、その速度はV_1を呈する。それより遠いP_3点以遠では上の層を通ってくる波よりも、経路は長くなってもより速い弾性波速度値V_2をもつ下の層を経由した波の方が先に到達することを示している。すなわち走時曲線の最初の勾配はV_1そのものを表現しており、その次の勾配はV_1とV_2とが合成された速度を表していることになる。この走時曲線をもとに速度層の深度分布が解析される。

また、別の方法として、ボーリング孔間に設置した複数の発信点と受信点を用いた弾性波速度（P波）測定結果についてトモグラフィ解析を行うことにより、ボーリング孔間の地盤のP波速度分布を知ることができる。

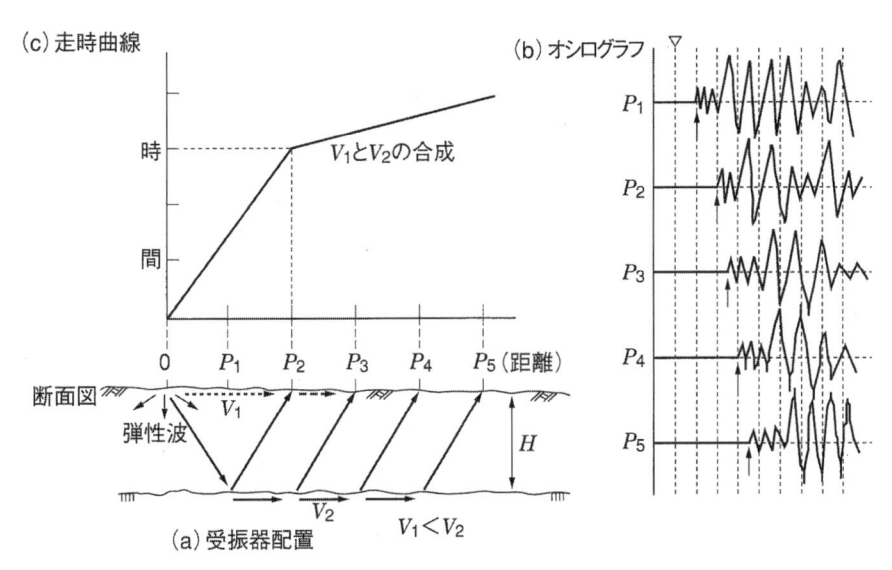

図-2.15 弾性波探査屈折波法の基本原理

2.1.5 調査坑

調査坑は、ダム・原石山・地下発電所・原子力発電所など大型構造物を建設するサイトで見られる調査方法である。ボーリングに比べて、原位置の地盤状況を直接観察でき、地盤地質構造の三次元的広がりを把握できる利点がある。調査坑には調査横坑と、調査立坑とがあり、後者はフィルダムのコア・フィルター材調査などのような土質地盤を対象とすることが多い。

(1) 調査横坑

調査横坑は、一般に高さ1.8〜2m、幅1.2〜1.5m程度の小さな断面で、その支保材には丸太が使われている。鋼製支保を使うと地質調査のクリノメータの磁石を狂わせるためである。したがって長期間を経たものは丸太支保が腐っていることがあり、入坑にあたっては十分な注意が必要である。とくに坑口付近や断層の箇所は要注意である。また、第三紀の地盤である場合にはメタンガス、火山地帯ではや硫化ガスなどが存在する可能性も考慮しておかなければならない。

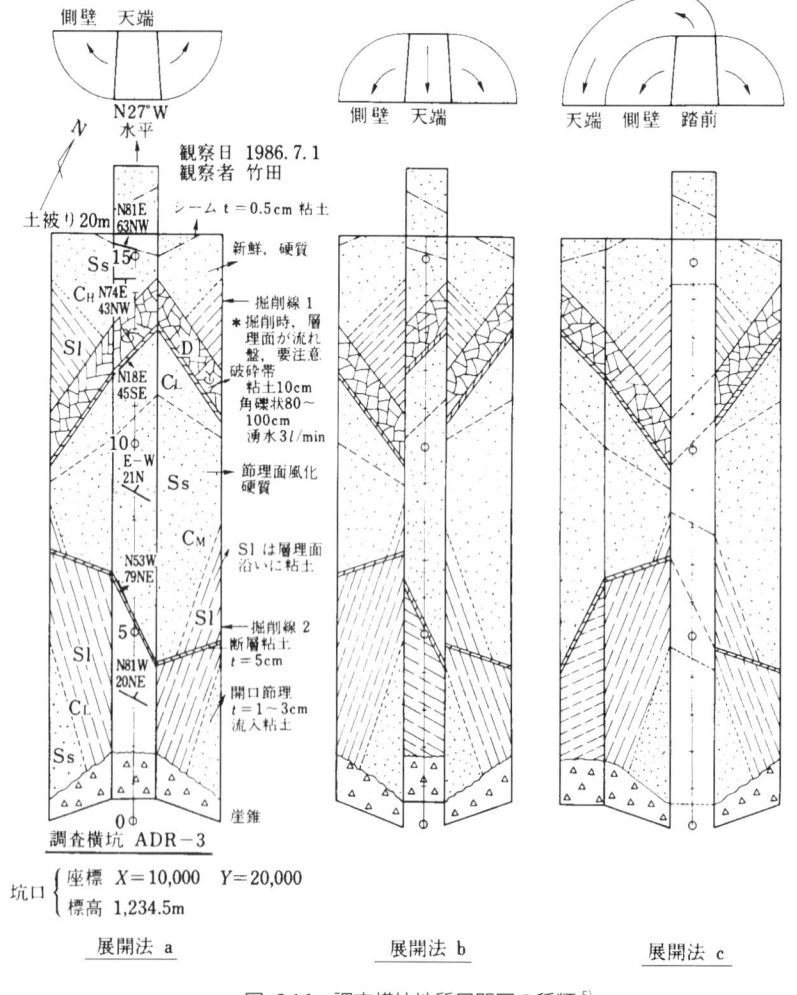

図-2.16 調査横坑地質展開図の種類[5]

横坑内の調査では、ヘルメット，懐中電燈（ヘッドランプがよい）が必携で、そのほか100m布テープ，コンベックス，カラースプレーなども準備しておいたほうがよい。

調査横坑内の地質観察結果は、展開図に表現されるが、これの書き方には図-2.16のようにいくつかの方法があり、どの方法によっているのかを確認しておく。例えば（a）の方法による展開図は、横坑内に入って実際に見える形とは裏返しになっている。

(2) 調査立坑

調査立坑は、一般に矢板を張りながら土留めをして掘削していかねばならず、地盤はすぐ見えなくなるので場合によっては現場担当者にそのスケッチが任されることがある。立坑の地質スケッチの例を図-2.17に示す。

また、立坑と同様の目的で、トレンチ調査を行うこともある。トレンチは、バックホウがあれば簡単に実施できる方法であり、現場で必要に応じて行うことを薦める。

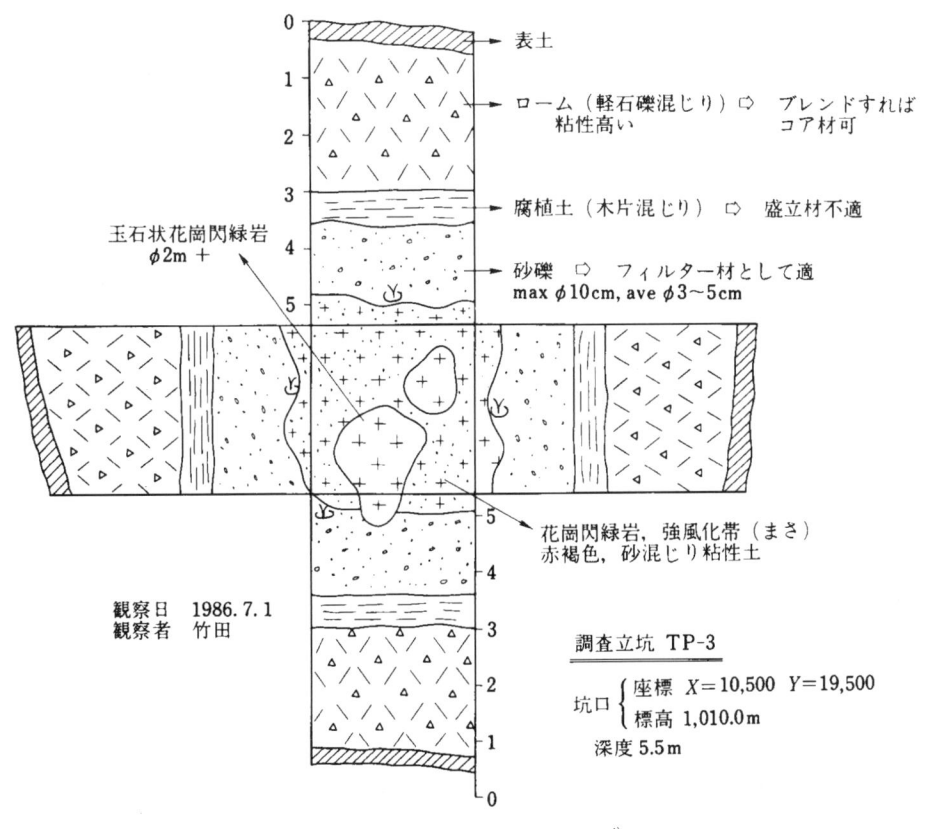

図-2.17 調査立坑の地質スケッチ[4]

2.1.6 地質調査報告書

一般の工事では事前に地盤地質調査が行われ、報告書が作成されている。この地質調査報告書は、計画あるいは施工前に予め目を通し検討しておくべきである。その際調査の原理やボーリング結果の細かい記載などについては過度に神経質にならなくてもよいが、考

察やまとめの項は入念に読む。とくに、断層，地すべり，風化，スレーキング，異方性，走向・傾斜など、施工に影響しそうなキーワードについて、それらが構造物にどうかかわるかをしっかり認識する。

　なお、建設技術者が見ることができる地質調査報告書は最終成果であり、調査あるいは検討中に疑問視された種々の問題点やプロセスが抹消されていることがある。また、この報告書の内容は、事実ばかりではなく解釈の結果も含む。したがって例えば報告書中に記載がないからといって問題はない、ということにはならない。もちろん、地質調査技術者の施工に関する知識不足からくる欠落も当然あり得ることである。

　また、調査結果が平面や断面などの形で地質図として表現されるが、このようにいったん図に仕上がるとあたかもそれが絶対のものであるように盲信する建設技術者を見受ける。これは大きな誤りである。例えば図-2.18のような道路調査の結果の断面図があったとき、よく見ればボーリングは道路中央にあるのみで切土法面位置の地盤地質情報は推定の結果描かれていることがわかるのに、これを絶対視して切土法面勾配を決めてしまうようなことである。また、トンネル現場で数km入った断層の位置をスケールで正確に測っているような光景もよく見かけるが、トンネルの地質図はそのような精度のものではなく、極端にいえばかなりの誤差や推定内容を含むことがあるものと考えたほうがよい。

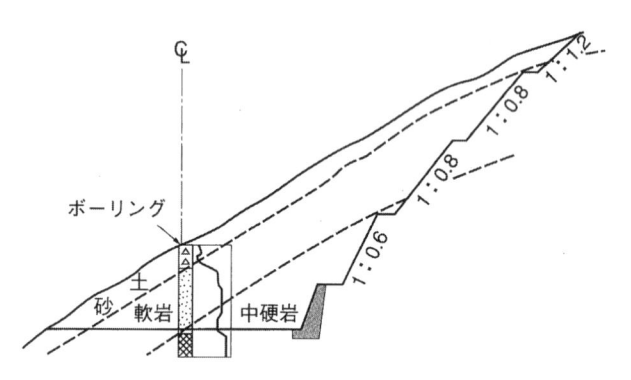

図-2.18　道路調査の結果の断面図

　施工する者の責任は単に設計図通りにものを仕上げるばかりでなく、前段階の調査や設計をチェックし維持管理段階までを予測して施工することにある。とくに地盤にかかわる問題は、いくら綿密な調査が実施されていたとしてもすべてを網羅するには限界があり、実際の施工で出現したものをしっかり見極めることが必要である。

2.2 室内・原位置試験

　室内試験とは、サンプル（一般にはボーリングコア）を用いて物理的・化学的特性や力学的特性を求める試験である。原位置試験とは、構造物を実際に施工する場所あるいはそれと同定される場所で行う試験である。原位置での試験には、表-2.2に示すようにボーリング孔内で行うものと調査坑で行うものとがある。

2.2.1 室内試験

　土質材料では、土粒子と水で構成される土の状態・性質を求める物理試験、土粒子の化学的あるいは鉱物の成分を求める化学試験、土の強度と変形性に関する力学試験などがあ

る。目的に応じてかく乱や不かく乱試料が用いられる。

岩盤では、その構成材料である岩石の性質を知るための試験となり、同じく物理的・化学的特性を求める試験と力学的特性を求める試験とがある（表-2.3）。

表-2.2 原位置試験

試験位置	試験種別	目的	試験方法
ボーリング孔壁	各種検層	岩盤の物理的性質	速度・電気・密度検層など
	変形試験	岩盤の変形性	孔内載荷試験
	せん断試験	岩盤のせん断強度	孔内せん断試験
	透水試験	岩盤の透水性	ルジオン試験
	孔壁観察	亀裂の状況	ボアホールカメラ
調査横坑	各種検層	岩盤の物理的性質	速度・電気・密度検層など
	変形試験	岩盤の変形性	平板載荷試験、水室試験
	せん断試験	岩盤のせん断強度	岩盤せん断試験、ブロックせん断試験
	横坑観察	岩盤状況	

表-2.3 岩石試験の種類

	試験の種別	試験方法	求められる値
物理的性質	物理定数試験	比重・密度試験	比重、密度
		透水試験	透水係数
		含水量試験	間隙率
	非破壊試験	超音波伝播速度試験	超音波伝播速度
	安定性試験	凍結融解試験	凍結融解に対する安定性
		吸水安定性試験	吸水に対する安定性
		すりへり試験	すりへり減量
	膨張試験	吸水膨張試験	吸水による膨張量・膨張圧
力学的性質	圧縮試験	一軸圧縮試験	一軸圧縮強度
		三軸圧縮試験	せん断強度
	引張試験	圧裂試験	引張強度
		点載荷試験	引張強度
	せん断試験	一面せん断試験	せん断強度
	硬度試験	ショア硬度試験	ショア硬度

(1) 物理的特性の試験

土質材料では密度、含水比、粒度、液・塑性限界などの試験が一般に行われる。岩石材料では比重、透水、含水量試験のほか、超音波伝播速度試験やコンクリート骨材用として安定性・吸水膨張・すりへり試験などが行われる。

(2) 力学的特性の試験

土質材料では、透水、圧密、一軸・三軸圧縮、締固め、CBR試験などがある。岩石材料では、一軸圧縮試験と圧裂試験（引張試験）が一般的で、ほかに点載荷試験や一面せん断試験がある。岩石の一軸圧縮試験と圧裂試験（引張試験）の方法は図-2.19 に示す通りである。

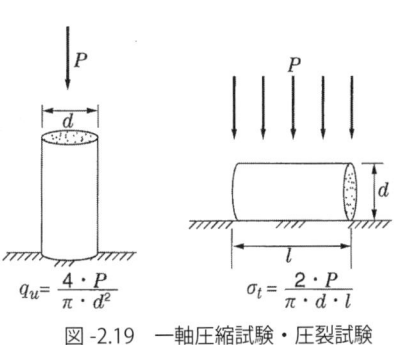

$$q_u = \frac{4 \cdot P}{\pi \cdot d^2}$$

$$\sigma_t = \frac{2 \cdot P}{\pi \cdot d \cdot l}$$

図-2.19 一軸圧縮試験・圧裂試験

岩石の力学試験ではサンプルに割れ目が存在すると載荷方向によっては強度的に極めて低い結果になることがある。割れ目の存在がわかっているときにはそのようなサンプルを用いるべきではないし、また試験後に破断面を観察して試験結果が割れ目に依存していないかどうか確認する必要がある。

2.2.2 載荷試験

載荷試験とは、地盤に直径 30cm の円形載荷板を介して荷重をかけ、変形性状を原位置で求める試験である。土質地盤も岩盤も同じ 30cm の円形載荷板であるほか、基本的な方法は同じであるが、求める結果が異なる。

(1) 試験の原理

載荷板にジャッキで荷重を与え、その荷重と変形量（土質では沈下量という、以下同じ）との関係から、土質載荷試験では地盤反力係数（k）と極限支持力を、岩盤載荷試験では変形係数（D）、接線弾性係数（E_t）、割線弾性係数（E_s）、クリープ率（C_f）、残留変位（$δ_R$）などが求められる。

(2) 試験装置

載荷試験の装置は、載荷板・加圧ジャッキ・反力装置・基準ばり・荷重測定器（ロードセル）・変形量測定器（1/100mm ダイヤルゲージ）より成る。

ダムなどの調査横坑内で上部に反力がとれる場合の基本的な試験装置を図-2.20 に、上部に反力がとれない明かりでの種々の反力の取り方を図-2.21 に示す。

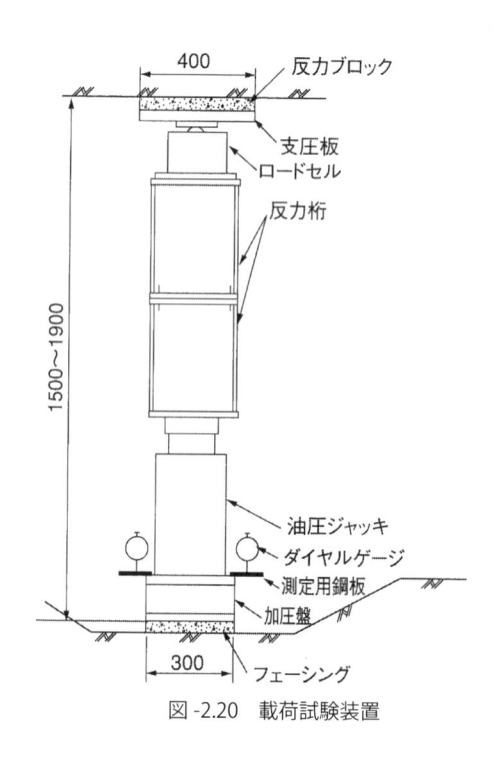

図-2.20 載荷試験装置

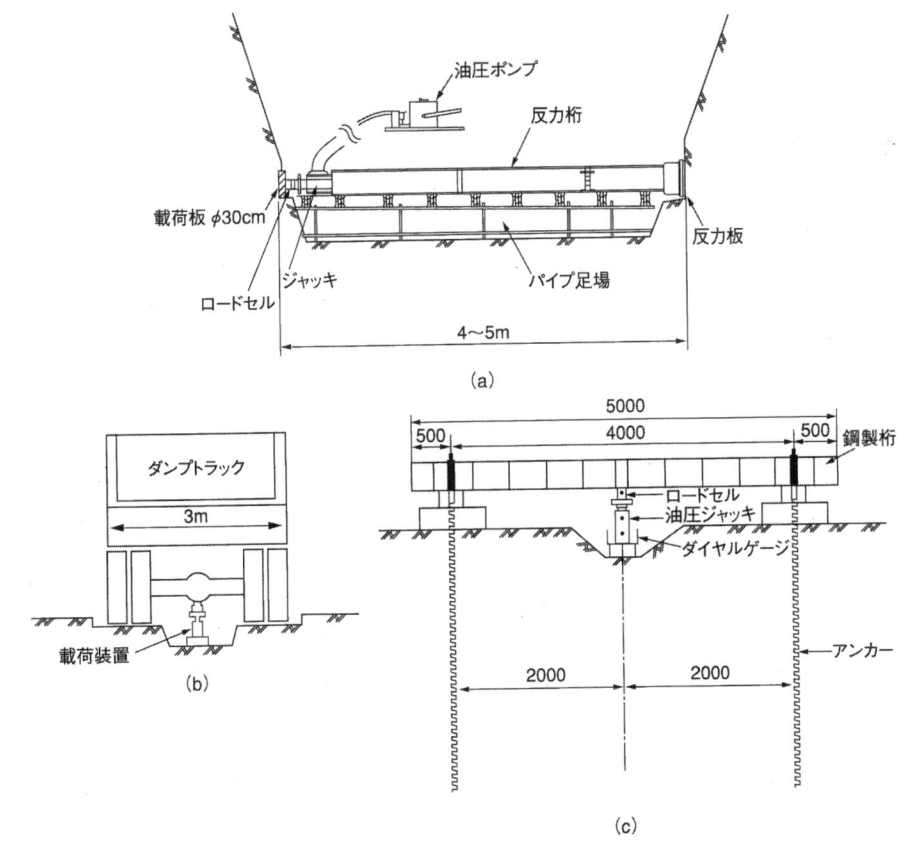

図 -2.21 明かりでの反力の取り方

(3) 載荷方法

岩盤載荷試験では図 -2.22 に示すように、試験開始前に予備荷重を与えて装置のチェックおよび試験体を含む全体のなじみを整える。次に階段荷重と称する載荷を3～5ステップで昇降する。さらに最大荷重で3回の繰り返し荷重を与え、ここまでの結果

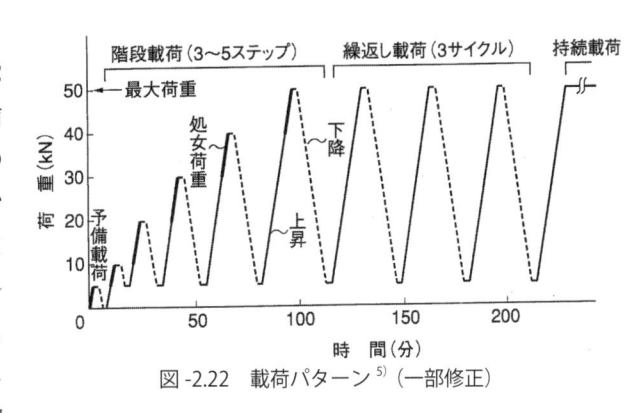

図 -2.22 載荷パターン[5]（一部修正）

で変形係数・接線弾性係数・割線弾性係数（後述（5）ⅱ）参照）を求める。最後に再び最大荷重までかけてそれを所定の時間持続し、その結果からクリープ率・残留変形量（後述（5）ⅲ）参照）を求める。

(4) 結果の整理

階段載荷および繰返し載荷の結果は図-2.23 のように荷重－変位量曲線に、持続載荷の結果は図-2.24 のように時間－変位量曲線に整理する。

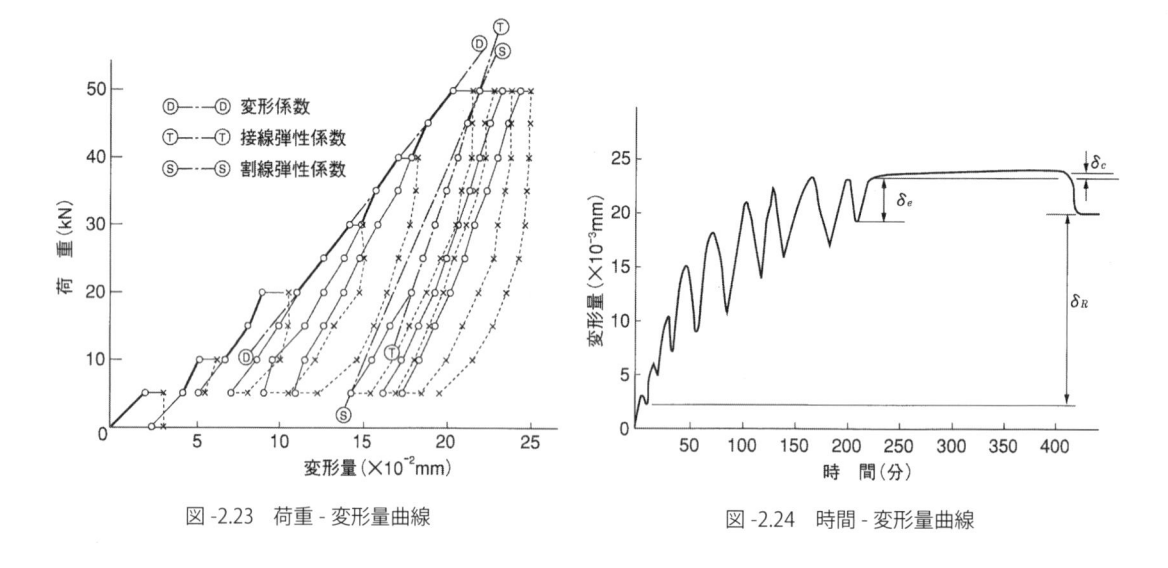

図-2.23　荷重 - 変形量曲線

図-2.24　時間 - 変形量曲線

(5) 各係数の算定

i) 土質地盤の載荷試験での地盤反力係数

土質地盤の地盤反力係数（k）は、荷重 - 沈下量曲線から下式により求める。また、この曲線から極限支持力も求められる。

$$k = \frac{\Delta p}{\Delta S}$$

Δp: 載荷増分　　ΔS: 沈下量増分

ii) 岩盤載荷試験の変形係数、接線弾性係数、割線弾性係数

変形係数、接線弾性係数、割線弾性係数は、荷重－変位量曲線（図-2.23）から以下に示す勾配を求め、次式で算定する。

$$D, Et, Es = \frac{1-v^2}{2a} \times \frac{\Delta F}{\Delta \delta}$$

a は載荷板の半径で通常 150mm、v はポアソン比と呼ばれる係数で一般に 0.3 ～ 0.35 が仮定される。変形係数 D は、階段載荷における処女荷重での直線部分の勾配（$\Delta F/\Delta \delta$）から求める。接線弾性係数 Et は、繰返し載荷での最大荷重付近の直線部分の勾配（$\Delta F/\Delta \delta$）から求める。一般には繰返し3回の平均とする。割線弾性係数 Es は、繰返し載荷でのゼロ荷重（実際の試験では装置の安定上ゼロとはせず小さい荷重を残す）と最大荷重とを結ぶ勾配（$\Delta F/\Delta \delta$）から求める。一般には繰り返し3回の平均とする。

iii) その他の結果

クリープ率は、最大荷重持続時の変形増加量を、持続載荷増荷時の弾性変形量で除して算定する。

$$C_f = \frac{\delta_c}{\delta_e}$$

残留変形量は、階段載荷開始時のゼロ荷重での変形量と全試験終了後に残存した変位量との差である。

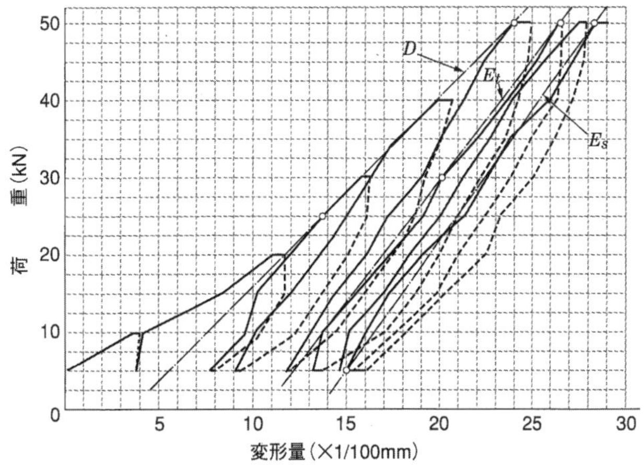

(6) 計算例

以上の岩盤載荷試験の方法を、実際の数値を使って解説する。図-2.25を得られた荷重−変形量曲線とする。これから D、E_t、E_s を、次の条件により求める。

図-2.25 荷重-変形量曲線例

載荷板直径は 300mm で、ポアソン比 $\nu = 0.35$ と仮定し、各係数算定区間はそれぞれ次のようにする。

D: 階段載荷処女荷重時の 25〜50kN の区間

E_t: 繰返し載荷第 1 サイクルの 30〜50kN の区間

E_s: 繰返し載荷第 3 サイクルの 5〜50kN の区間

変形量は、図中の目盛から 1/1000mm 単位で読み取る。

$$D = \frac{(1-\nu^2)}{2a} \cdot \frac{\Delta F}{\Delta \delta}$$

$$= \frac{(1-0.35^2)}{300} \times \frac{(50-25) \times 10^3}{(24.0-13.6) \times 10^{-2}}$$

$$= 703 \text{N/mm}^2$$

$$E_t = \frac{(1-0.35^2)}{300} \times \frac{(50-30) \times 10^3}{(26.6-20.2) \times 10^{-2}}$$

$$= 914 \text{N/mm}^2$$

$$E_s = \frac{(1-0.35^2)}{300} \times \frac{(50-5) \times 10^3}{(28.4-15.0) \times 10^{-2}}$$

$$= 982 \text{N/mm}^2$$

2.2.3 岩盤せん断試験

ダムなどの大型構造物建設予定地で行う原位置岩盤せん断試験には、図-2.26に示すように、「ブロックせん断試験」と「岩盤せん断試験」の2通りがあるが、供試体の製作方

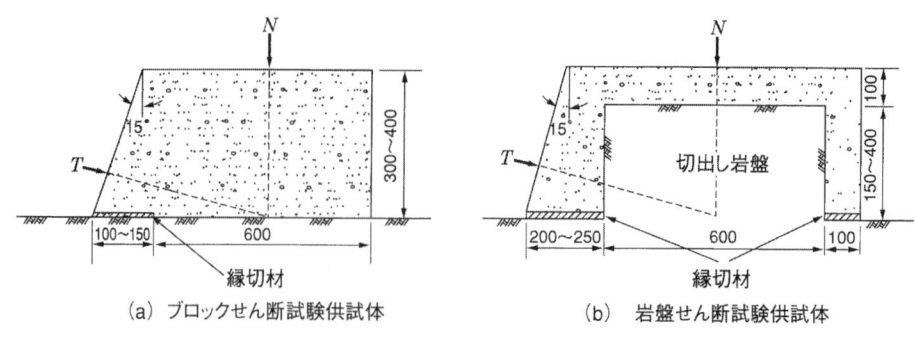

図-2.26 原位置岩盤せん断試験供試体

(a) ブロックせん断試験供試体
(b) 岩盤せん断試験供試体

法が異なるだけでその原理および試験装置、結果解析方法などは同じである。

(1) 試験の原理

供試体に垂直荷重をかけたあと、せん断載荷し、破壊時の荷重を求める。垂直荷重は最低4種類（原理的には2つあればよいことになるがバラツキを考慮）とし、各々の破壊荷重との関係からτ_0およびϕを求める。

(2) 試験装置

基本的には供試体と、垂直およびせん断の加圧装置があればよい。しかし、結果解釈の際の参考資料としたり、学術的な目的で変位量も測定する。図-2.27に調査横坑内で行う場合の試験装置を示す。この試験を明かりでやる場合には、反力装置に工夫を要し、図-2.28のような方法がある。

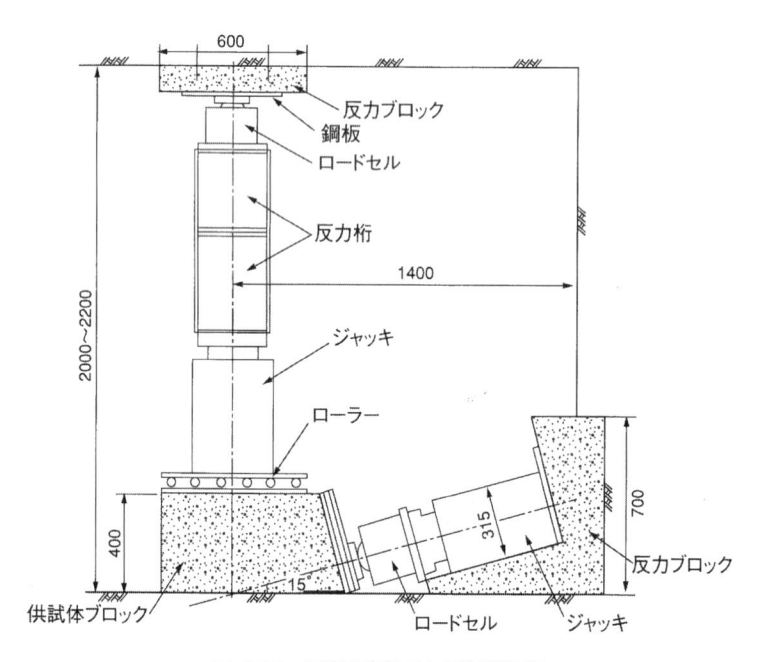

図-2.27 原位置岩盤せん断試験装置

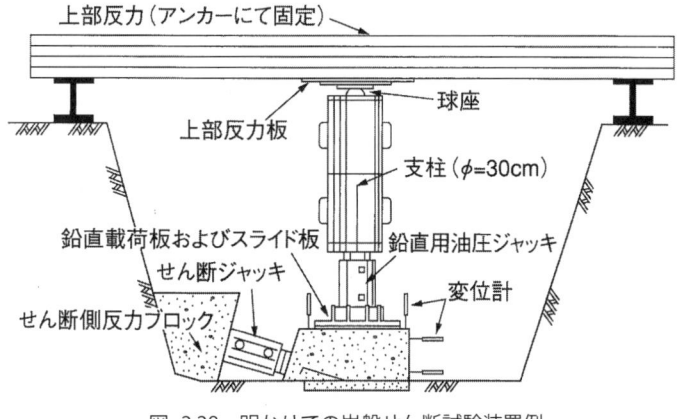

図-2.28 明かりでの岩盤せん断試験装置例

(3) 載荷方法

まず垂直荷重を３段階程度の繰り返しで予備載荷した後、せん断荷重を連続的に加えて破壊まで載荷する。

(4) 結果の整理

供試体の底面をせん断面と仮定して、破壊時の垂直荷重と、せん断荷重から載荷角度で補正した垂直応力とせん断応力を算定する。

$$\text{垂直応力} \quad \sigma = \frac{N + T \cdot \sin\theta}{S}$$

$$\text{せん断応力} \quad \tau = \frac{T \cdot \cos\theta}{S}$$

N：破壊時の垂直荷重
T：破壊時のせん断荷重
θ：せん断載荷角度
S：せん断面積

この垂直応力とせん断応力とを、$\sigma - \tau$ 関係図（図-2.29参照）にプロットする。

(5) τ_0、ϕ の算定

$\sigma - \tau$ 関係図から平均的な直線を求め、τ 軸の切片から純せん断応力 τ_0 を、直線の傾きから内部摩擦角 ϕ を求める。各供試体の試験結果に異常がなくそれらをすべて使用できると判断されたときには、平均的な直線は最小二乗法によることが多い。その算定式は次の通りである。

$$\tan\phi = \frac{\Sigma\{(\sigma_i - \overline{\sigma}) \cdot (\tau_i - \overline{\tau})\}}{\Sigma\{(\sigma_i - \overline{\sigma})^2\}}$$

$$\tau_0 = \overline{\tau} - \overline{\sigma} \cdot \tan\phi$$

(6) 計算例

以上の方法を、実際の数値を使って解説する。表-2.4 は、同じ CM 級岩盤である 4 供試体で原位置岩盤せん断試験を実施し、得た結果であるとする。供試体の寸法は 600mm × 600mm で、せん断方向は下向き 15°である。

表-2.4 せん断試験結果例

供試体 No.	垂直荷重 N (kN)	せん断破壊荷重 T (kN)	破壊時垂直応力 σ (kN/m²)	破壊時せん断応力 τ (kN/m²)	$\sigma_i - \bar{\sigma}$ / $\tau_i - \bar{\tau}$	$(\sigma_i - \bar{\sigma}) \times (\tau_i - \bar{\tau})$	$(\sigma_i - \bar{\sigma})^2$
1	200	550	951	1,476	−526 / −409	215,134	276,676
2	300	690	1,329	1,851	−148 / −34	5,032	21,904
3	400	720	1,629	1,932	152 / 47	7,144	23,104
4	500	850	2,000	2,281	523 / 396	207,108	273,529
平均			$\bar{\sigma}$=1,477	$\bar{\tau}$=1,885	合計	434,418	595,213

求めた破壊時の垂直応力と破壊時のせん断応力をグラフにプロットすると図-2.29 になる。

ここで最小二乗法によって τ_0、ϕ を求めると次のようになる。

$$\tan \phi = \frac{\Sigma \{(\sigma_i - \bar{\sigma}) \cdot (\tau_i - \bar{\tau})\}}{\Sigma \{(\sigma_i - \bar{\sigma})^2\}} = \frac{434418}{595213} = 0.7299$$

$$\phi = 36°$$

$$\tau_0 = \bar{\tau} - \bar{\sigma} \cdot \tan \phi = 1885 - 1477 \times 0.7299 = 807 \text{ kN/m}^2$$

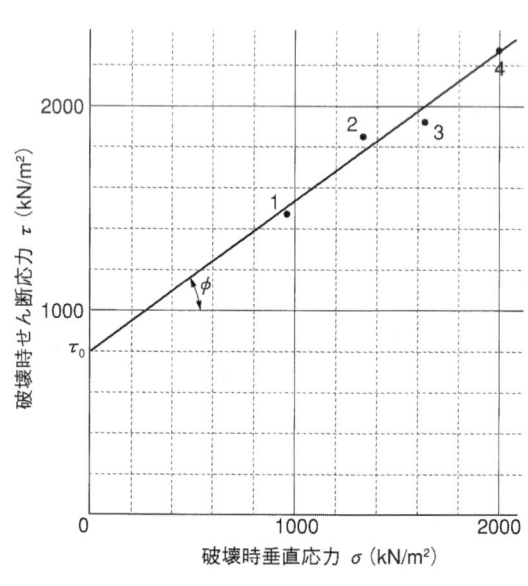

図-2.29 σ - τ 関係図

(7) 注意を要する供試体

せん断強度と岩盤等級との関係を示す図-2.30があるが、この取扱いには注意を要する。例えば結晶片岩のように異方性の強い岩盤で例えその岩盤等級がCH級（電中研式、表-2.6参照）のような健全な岩盤であっても、図-2.31（a）のように層理面や片理面が水平に近いとその強度はτ_0、ϕとも極端に小さな値しか示さない。岩石部分のせん断強度は寄与せず割れ目沿いのせん断強度となるからである。異方性岩盤ではなくとも、供試体のせん断面近くに単一の割れ目が存在すると同じことになり、試験終了後のせん断面の観察で確認しなければならない。

もし割れ目の影響が大きい供試体が判明したときには、実施した各点の値を必ずしも全部使うのではなく、その理由を明らかにしたうえで算定から棄却することもあり得る。

等方性の岩盤ならばせん断強度と岩盤等級とには図-2.30のように相関があると考えて

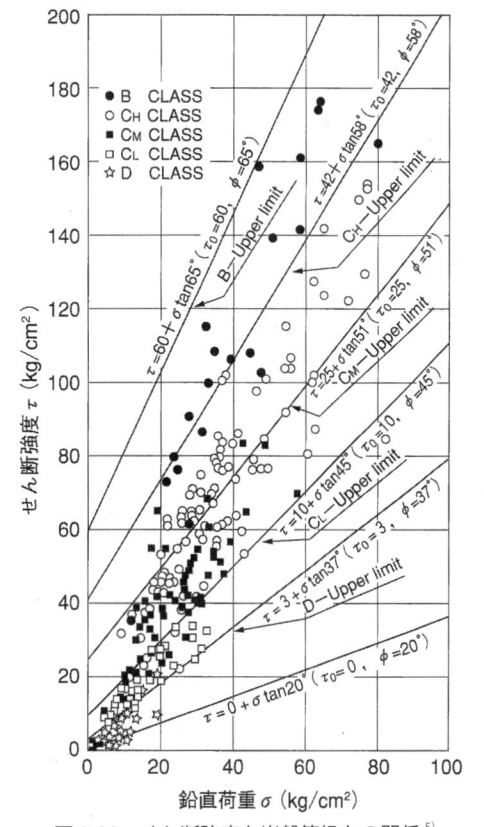

図2-30 せん断強度と岩盤等級との関係[5]

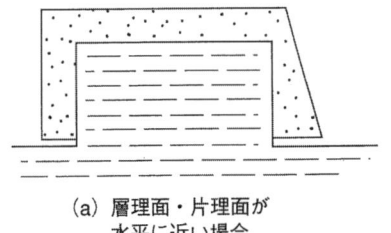

(a) 層理面・片理面が水平に近い場合

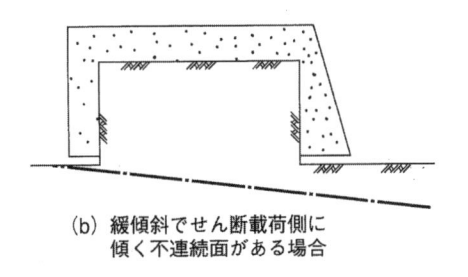

(b) 緩傾斜でせん断載荷側に傾く不連続面がある場合

図-2.31 異方性岩盤での要注意供試体

よいであろうが、岩盤の中には必ずといってよいくらい割れ目が存在するものであり、その方向次第でせん断強度は大きく変わる。

これに比べ載荷試験から求める変形性は岩盤によほど開口したクラックが存在しない限り、岩盤等級と相関関係があると考えてよい。

2．3 地盤の分類

岩盤に接する構造物を設計するとき、あるいは構造物に適合する岩盤かどうかをチェッ

クするとき、地盤の物理的・力学的性質を知ることが必要となる。しかし、構造物の対象となる地盤すべての性質を知ることは不可能である。この性質を求めるために種々の岩石・原位置試験が行われるが、それはサンプルであり対象岩盤のすべてにはなり得ないからである。

そのため、試験結果などを地盤全体に適用させることを目的に地盤分類がなされ、それを基に地盤を同定する方法が一般的である。地盤分類とは地盤の性状をいくつかのランクに分け、それをもとに地盤を評価してグルーピングするための道具である。

構造物の種類あるいは規模、目的などによってその地盤に求められる性質は異なる。例えば、ダムとトンネル、高さ100m級と20m級のダム、採石場の材料と法面、設計と積算に用いる場合などの違いである。それぞれに必要な性質を表現できる地盤分類があればよいが、それではケースが多すぎて現実には難しい。このため実際の地盤分類の使い方を見ると、例えばダム基礎の評価のためにつくられた岩盤分類をトンネルの支保の設計に用いたり、岩盤掘削の積算用にしたりすることがある。これらは本来誤った適用であり、他に方法がないとか、便利だという理由で、しかたなく使っているものであることを理解しておかなければならない。本来の使い方でない限り、矛盾するケースがあることを認識しておく必要があるということである。構造物あるいは地盤特有の必要な性質を基に、その現場独自の地盤分類を試みることもある。

2.3.1 土質地盤の分類

土質分類は、75mm以下の粒度に対し、粒度分布の構成比によって表-2.5のようにされ、符号化されている。

2.3.2 岩盤の分類

i) 国内の岩盤分類

ダムや切取斜面用の岩盤分類は、定性的評価のものが多く、トンネルや橋梁のそれは定量的評価が取り入れられていることが多い。種々の岩盤分類の中で最も多用されている電力中央研究所式岩盤分類を表-2.6に示す。この分類については、既往の岩盤試験結果より得られた物性値との対応関係が表-2.7のように整理されている。

ii) 海外の岩盤分類

海外の岩盤分類は、定量分類・評点分類を用いているものが多い。ＲＭＲ法（表-2.8）やＱシステムは日本でも使用例がよく見られる。ＲＭＲ法については4.4.3で解説する。

表-2.5 土質分類[6]

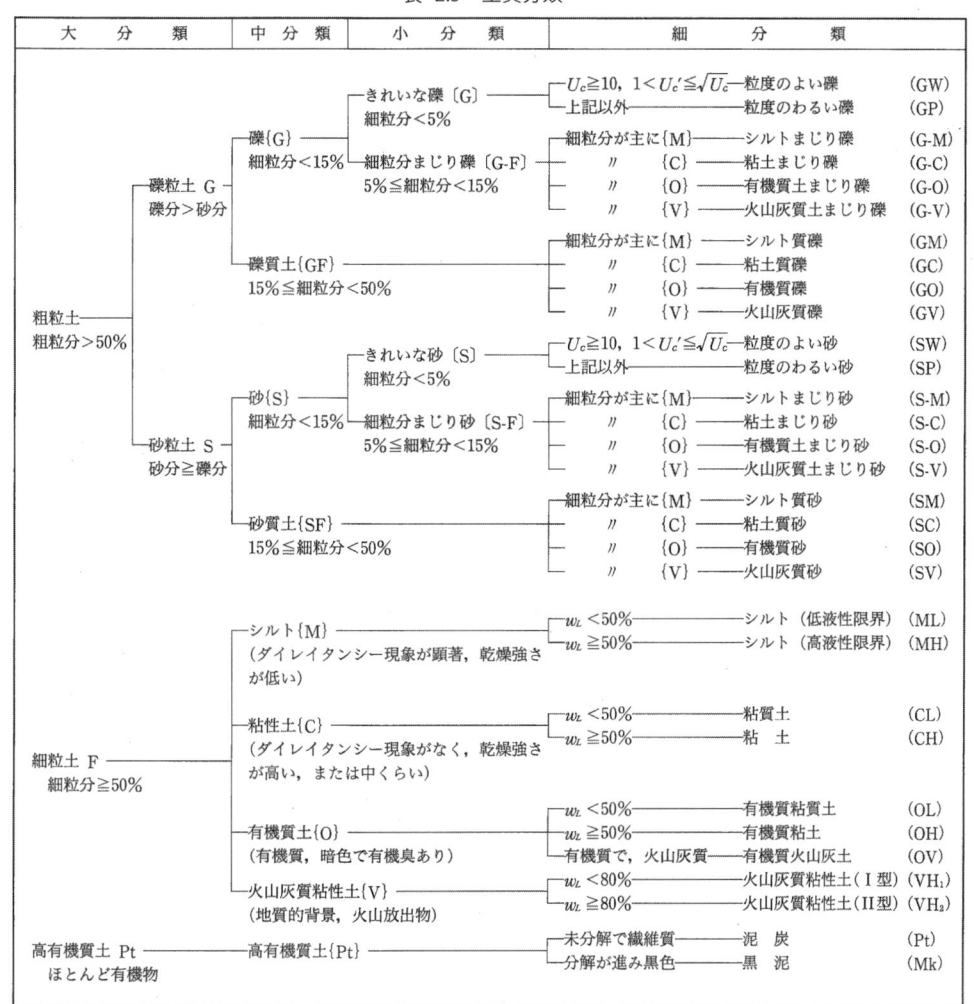

大分類	中分類	小分類	細分類		
粗粒土 粗粒分>50%	礫粒土 G 礫分>砂分	礫{G} 細粒分<15%	きれいな礫〔G〕 細粒分<5%	$U_c≧10, 1<U_c'≦\sqrt{U_c}$ ── 粒度のよい礫 上記以外 ── 粒度のわるい礫	(GW) (GP)
			細粒分まじり礫〔G-F〕 5%≦細粒分<15%	細粒分が主に{M} ── シルトまじり礫 〃　　　　{C} ── 粘土まじり礫 〃　　　　{O} ── 有機質土まじり礫 〃　　　　{V} ── 火山灰質土まじり礫	(G-M) (G-C) (G-O) (G-V)
		礫質土{GF} 15%≦細粒分<50%		細粒分が主に{M} ── シルト質礫 〃　　　　{C} ── 粘土質礫 〃　　　　{O} ── 有機質礫 〃　　　　{V} ── 火山灰質礫	(GM) (GC) (GO) (GV)
	砂粒土 S 砂分≧礫分	砂{S} 細粒分<15%	きれいな砂〔S〕 細粒分<5%	$U_c≧10, 1<U_c'≦\sqrt{U_c}$ ── 粒度のよい砂 上記以外 ── 粒度のわるい砂	(SW) (SP)
			細粒分まじり砂〔S-F〕 5%≦細粒分<15%	細粒分が主に{M} ── シルトまじり砂 〃　　　　{C} ── 粘土まじり砂 〃　　　　{O} ── 有機質土まじり砂 〃　　　　{V} ── 火山灰質土まじり砂	(S-M) (S-C) (S-O) (S-V)
		砂質土{SF} 15%≦細粒分<50%		細粒分が主に{M} ── シルト質砂 〃　　　　{C} ── 粘土質砂 〃　　　　{O} ── 有機質砂 〃　　　　{V} ── 火山灰質砂	(SM) (SC) (SO) (SV)
細粒土 F 細粒分≧50%		シルト{M} (ダイレイタンシー現象が顕著, 乾燥強さが低い)		$w_L<50\%$ ── シルト（低液性限界） $w_L≧50\%$ ── シルト（高液性限界）	(ML) (MH)
		粘性土{C} (ダイレイタンシー現象がなく, 乾燥強さが高い, または中くらい)		$w_L<50\%$ ── 粘質土 $w_L≧50\%$ ── 粘土	(CL) (CH)
		有機質土{O} (有機質, 暗色で有機臭あり)		$w_L<50\%$ ── 有機質粘質土 $w_L≧50\%$ ── 有機質粘土 有機質で, 火山灰質 ── 有機質火山灰土	(OL) (OH) (OV)
		火山灰質粘性土{V} (地質的背景, 火山放出物)		$w_L<80\%$ ── 火山灰質粘性土（Ⅰ型） $w_L≧80\%$ ── 火山灰質粘性土（Ⅱ型）	(VH₁) (VH₂)
高有機質土 Pt ほとんど有機物	高有機質土{Pt}			未分解で繊維質 ── 泥炭 分解が進み黒色 ── 黒泥	(Pt) (Mk)

U_c：均等係数, U_c'：曲率係数, w_L：液性限界

〔引用文献〕
1) 日本応用地質学会：岩盤分類 応用地質特別号、1984
2) 地質工学会：地盤工学実務シリーズ5 切土法面の調査・設計から施工まで、1998
3) International Society of Rock Mechanics：Manual Index Test
4) 土木学会：ダムの地質調査、土木学会、1986
5) 菊地宏吉：地質工学概論、土木工学社、1990
6) 地盤工学会：土質試験の方法と解説、地盤工学会、1990

表-2.6 電力中央研究所式岩盤分類

名称	特徴
A	・極めて新鮮なもので造岩鉱物および粒子は風化，変質を受けていない。節理はよく密着し，それらの面にそって風化の跡はみられないもの。 ・ハンマーによって打診すれば澄んだ音を出す。
B	・岩質堅硬で開口した（たとえ1mmでも）きれつあるいは節理はなく，よく密着している。ただし造岩鉱物および粒子は部分的に多少風化，変質がみられる。 ・ハンマーによって打診すれば澄んだ音を出す。
C_H	・造岩鉱物および粒子は石英を除けば風化作用を受けてはいるが岩質は比較的堅硬である。 ・一般に褐鉄鉱などに汚染され，節理あるいはきれつの間の粘着力はわずかに減少しており，ハンマーの強打によって割れ目にそって岩塊が剥脱し，剥脱面には粘土質物質の薄層が残留することがある。 ・ハンマーによって打診すればすこし濁った音を出す。
C_M	・造岩鉱物および粒子は石英を除けば風化作用を受けて多少軟質化しており，岩質も多少軟らかくなっている。 ・節理あるいはきれつの間の粘着力は多少減少しておりハンマーの普通程度の打撃によって，割れ目にそって岩塊が剥脱し，剥脱面には粘土質物質の層が残留することがある。 ・ハンマーによって打診すれば多少濁った音を出す。
C_L	・造岩鉱物および粒子は風化作用を受けて軟質化しており岩質も軟らかくなっている。 ・節理あるいはきれつ間の粘着力は減少しており，ハンマーの軽打によって割れ目にそって岩塊が剥脱し，剥脱面には粘土質物質が残留する。 ・ハンマーによって打診すれば濁った音を出す。
D	・造岩鉱物および粒子は風化作用を受けて著しく軟質化しており岩質も著しく軟らかい。 ・節理あるいはきれつの間の粘着力はほとんどなく，ハンマーによってわずかな打撃を与えるだけでくずれ落ちる。 ・剥脱面には粘土物質が残留する。 ・ハンマーによって打診すれば著しく濁った音を出す。

表-2.7 電力中央研究所式岩盤分類と物性値の関係 [5]

岩盤等級	岩盤の変形係数 (kg/m^2)	岩盤の静弾性係数 (kg/cm^2)	岩盤の粘着力 (kg/cm^2)	岩盤の内部摩擦力 (°)	岩盤の弾性減速度 (km/s)	ロックテストハンマー反発度	孔内載荷試験による変形係数 (kg/cm^2)	孔内載荷試験による接線弾性係数 (kg/cm^2)	引き抜き試験によるせん断強度 (kg/cm^2)
A〜B	50,000以上	80,000以上	40以上	55〜65	3.7以上	36以上	50,000以下	100,000以上	20以上
C_H	50,000〜20,000	80,000〜40,000	40〜20	40〜55	3.7〜3	36〜37	60,000〜15,000	150,000〜60,000	
C_M	20,000〜5,000	40,000〜15,000	20〜10	30〜45	3〜1.5	27〜15	20,000〜3,000	60,000〜10,000	20〜10
C_L	5,000以下	15,000以下	10以下	15〜38	1.5以下	15以下	6,000以下	15,000以下	10〜5
D									5以下

表-2.8 RMR法[1]

A．分類パラメータとその評点

1	新鮮岩の強度	点載荷強度	10MPa以上	4〜10MPa	2〜4MPa	1〜2MPa	一軸圧縮強度を使用		
		一軸圧縮強度	250MPa以上	100〜250MPa	50〜100MPa	25〜50MPa	5〜25MPa	1〜5MPa	1MPa以下
	評 点		15	12	7	4	2	1	0

2	R Q D	90〜100%	75〜90%	50〜75%	25〜50%	25%以下
	評 点	20	17	13	8	3

3	不連続面の間隔	2m以上	0.6〜2m	200〜600mm	60〜200mm	60mm以下
	評 点	20	15	10	8	5

4	不連続面の状況（E参照）	非常に粗い表面 連続せず 分離せず 壁は無風化	やや粗い表面 分離1mm以下 壁は弱風化	やや粗い表面 分離1mm以下 壁は強風化	表面にスリッケンサイドまたは厚さ5mm以下の粘土または1〜5mm開口し連続	厚さ5mm以上の軟質な断層粘土または節理開口5mm以上で連続
	評 点	30	25	20	10	0

5	地下水	トンネル長10m当りの湧水量	なし	10l/min以下	10〜25l/min	25〜125l/min	125l/min以上
		（節理内水圧）/（最大主応力）	0	0.1以下	0.1〜0.2	0.2〜0.5	0.5以上
		一般的状況	完全に乾燥	湿る程度	ぬれる程度	滴 水	流 水
	評 点		15	10	7	4	0

B．節理の方向に対する補正評点（F参照）

節理の走向・傾斜	非常に有利	有 利	普 通	不 利	非常に不利
評点 トンネル	0	−2	−5	−10	−12
基 礎	0	−2	−7	−15	−25
法 面	0	−5	−25	−50	

C．総合評点から決められる岩盤等級

評 点	100〜81	80〜61	60〜41	40〜21	20以下
岩盤等級No.	I	II	III	IV	V
記 事	非常に良好な岩盤	良好な岩盤	普通の岩盤	悪い岩盤	非常に悪い岩盤

D．岩盤等級の意味

岩 盤 等 級	I	II	III	IV	V
平均的な自立時間	15mのスパンに対して10年	4mスパンに対して6ヶ月	3mのスパンに対して1週間	1.5mのスパンに対して5時間	0.5mのスパンに対して10分間
岩盤の粘着力	300kPa以上	200〜300kPa	150〜200kPa	100〜150kPa	100kPa以下
岩盤の内部摩擦角	45°以上	40°〜45°	35°〜40°	30°〜35°	30°以下

E．不連続面の状況の分類

不連続面の長さ	1m以下	6	1〜3m	4	3〜10m	2	10〜20m	1	20m以上	0
分離性（見掛け）	なし	6	0.1mm以下	5	0.1〜1mm	4	1〜5mm	1	5mm以上	0
粗 度	非常に粗い	6	粗い	5	若干粗い	3	平滑	1	鏡肌	0
挟 在 物	なし	6	固結物5mm以下	4	固結物5mm以上	2	軟質物5mm以下	2	軟質物5mm以上	0
風 化	無風化	6	若干風化	5	中程度風化	3	強風化	1	分 解	0

F．トンネル掘進における不連続面の走向・傾斜の影響

トンネル軸に垂直な走向				トンネル軸に平行な走向		走向に無関係で
傾斜方向に進行		傾斜と反対方向に進行				
傾斜45°〜90°	傾斜20°〜45°	傾斜45°〜90°	傾斜20°〜45°	傾斜45°〜90°	傾斜20°〜45°	傾斜10°〜20°
非常に有利	有利	普通	不利	非常に不利	普通	有利

3. ダムと地盤地質

　河川管理施設等構造令に示されるダムとは、貯水・利水・発電目的で基礎地盤から堤頂までの高さが15m以上のダムである。土砂の流出を防止し調節するために設けるダムや高さ15m未満の例えば調整池ダムなどはこの適用範囲外である。本章に述べるダムもこれに従う。

　近代的なダムの建設は、表-3.1に示すように1800年代末にアメリカで始まり、いくつかの事故も経験しながら技術的な発展をしてきた。表中に紹介した事故例は、基礎地盤との関連がわかりやすいものであるが、それがいかに重要かがわかる。

　貯水を目的とするダムに要求される地盤地質に関係する機能は、表-3.2に示す通りである。このうちダムの基礎地盤については、強度・変形性・透水性が重要である。

　このうち強度については2.2.3で述べた岩盤せん断試験で得られる値で、また変形性については2.2.2で述べた載荷試験の値で解析される。ただしこれらの試験はあくまでサンプリングされた地点でしか実施されず、それを基礎地盤全体に展開するために、2.3で述べた地盤の分類という手法が用いられる。また、透水性については3.3.3（2）のルジオン値で評価する。

表-3.1　近代ダムの事故と技術の発展

1889年	San Meteoダム（アメリカ）	世界初のコンクリートダム
1928年	St. Francisダム（アメリカ）	H＝62.5mのアーチ重力式コンクリートダムで、満水時に基礎地盤（礫岩）不良により決壊し、犠牲者450人。反省として基礎地盤の検査の制度化など。
1933年	Hennyの式発表	コンクリートダムの設計公式
1935年	堤高221mのHooverダム（アメリカ）	ダム技術史の金字塔
1959年	Malpassetダム（フランス）	H＝61mのアーチ式コンクリートダムで、満水状態で基礎岩盤滑動により決壊し、犠牲者421人。反省として設計技術者と地質技術者の共同作業の必要性など。
1961年	Frayleダム（ペルー）	基礎の揚圧力増大による崩壊
1963年	Vajontダム（イタリア）	H＝265mのアーチ式コンクリートダムで、初期湛水最終段階に貯水池上部の山体が地すべり（事前兆候あり）を起こし、ダムの越流によって、犠牲者2600人。反省として広範囲の調査の必要性と監視・連絡体制など。（当時日本では黒部・川俣ダム等の建設中）
1976年	Tetonダム（アメリカ）	H＝93mの中央遮水壁型ロックフィルダムで、初期湛水の満水時にコア材のパイピングを引き金として決壊し、犠牲者146人。反省として基礎処理の重要性やコア材の強度など。

（菅原[1]から一部引用）

3.1 ダムの地盤地質調査

　ダムの地盤地質調査は、表-3.3に示すように構想段階から設計段階を経て、施工・維持管理段階へと移っていく。さらに最も重要な設計段階では初期から中期、後期へと調査

表-3.2 ダム基礎要求機能

箇　所	必要条件	地質に関連する事項	
		コンクリートダム	フィルダム
ダム本体	・破壊しないこと	コンクリート骨材	すべり（盛立材の強度）
	・大きく変形しないこと	—	盛立材の締固度
	・多量の漏水をしないこと	—	遮水材料
基礎岩盤	・破壊しないこと	岩盤強度	パイピング
	・大きく変形しないこと	岩盤の変形性	
	・多量の漏水をしないこと	岩盤の透水性	
貯水池周辺	・周辺環境に悪影響がないこと	周辺地域地すべりなど	
	・多量の漏水をしないこと	石灰岩・火山岩・砂礫層など	
	・堆砂量が少ないこと	上流部での土石流・崩壊地など	
	・地すべりを起こさないこと	貯水池内地すべり	

内容が詳細になっていく。各段階で調査の目的は変化するので記載内容が若干異なってくるし、作成される地質図もこの調査の進展に合わせて小縮尺から大縮尺の詳細な内容になる。ダムの基礎地盤の調査か、材料採取場や仮設構造物を対象とするかによっても内容が変わる。

　調査の項目は他の構造物の一般的手法と同じように、文献・資料調査、地表地質調査、ボーリング、弾性波探査などがあり、ダム特有のものとして横坑・立坑調査や、ボーリング孔を使ってのルジオンテストなどが実施される。

3.2 ダムの安定

3.2.1 コンクリート重力式ダムの基礎地盤の安定

　コンクリート重力式ダムの基礎地盤に関する安定解析は、次のヘニーの式が用いられる。

$$\text{ヘニーの式：} \quad \frac{\tau_0 \cdot L + f \cdot V}{H} \geq n$$

　　　　τ_0：基礎地盤の純せん断強度

　　　　L：ダム底面の長さ（堤体基本三角の底辺）

　　　　f：基礎地盤の内部摩擦係数（$\tan \phi$）

　　　　V：ダム底面に作用する鉛直力（主に堤体の重さ）

　　　　H：ダム底面に作用するせん断力（主に水圧）

　　　　n：安全率

　基礎地盤内またはダム堤体と基礎地盤の接触部に沿ったすべり破壊に対する力学的安定性についてはヘニーの式で安全率4を満足させなければならない。これを簡単な計算事例で示すと次のような方法である。

　図-3.1のような基本三角（底辺40m、高さ50mの直角三角形）と貯水面（ダム底面から45m）のコンクリート重力式ダムがあるとし、基礎地盤のせん断強度は、

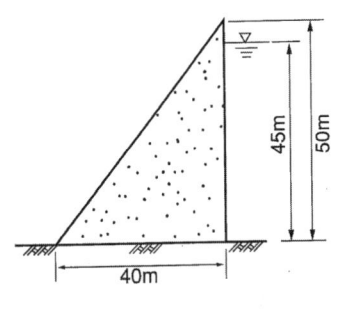

図-3.1　コンクリート重力式ダムの安定計算例

表-3.3 ダムサイトの地盤地質調査の流れ[2]

調査段階	設計の流れ	調査項目	細目
構想段階	構想	候補地のリストアップ	①図上選定（1/50,000～1/25,000地形図，以下同じ） 　（同一流域内複数地点） ②地質資料収集および解析 　a）広域地質図（1/500,000～1/200,000） 　b）文献 　c）地すべり分布図 　d）空中写真（1/40,000～1/20,000），衛星写真 　e）活断層分布図，地震履歴 　f）その他 ③現地踏査（1/25,000～1/10,000） ④計画候補地の優先順位の決定 　（地質条件のみによって決定されるわけではない）
設計段階	初期 計画設計 ダムサイト・型式・規模の検討	候補地の選定	⑤地表地質調査（1/5,000～1/10,000） 　既存地質資料収集解析を含む（1/50,000地質図，1/8,000空中写真，その他） ⑥物理探査（弾性波・他）および岩石試験 ⑦ボーリング調査・ルジオンテスト・各種孔内試験 ⑧地表地質調査（1/2,500） ⑨上記⑥，⑦をさらに数量を増やして行う ⑩地質解析（1/2,500～1/500）および候補地の比較検討
	中期 概略設計 ダム軸・型式・規模の概略決定	地質諸条件の把握	⑪地表地質調査（1/500～1/1000） ⑫物理探査および岩石試験 ⑬ボーリング調査・ルジオンテスト ⑭各種孔内試験（孔壁画像・弾性係数他） ⑮横坑調査・竪坑調査 ⑯地質解析（1/500） ⑰原位置せん断試験・変形試験 ⑱地質総合解析（概略設計段階）（1/500）
	後期 実施設計 ダム軸・型式・規模の決定，工事数量・工事費の算定 詳細設計	地質諸条件の精度向上	⑲上記⑫～⑮の調査ならびに⑯を繰り返し，精度を上げて地質諸条件を把握する ⑳地質総合解析（実施設計段階）（1/500） ㉑必要ならば⑫～⑰を行う ㉒掘削面予想図（地質・岩級）1/500 ㉓ダム地質横断面図（ジョイント岩級区分図）1/200～1/500 ㉔掘削分類図　1/200～1/500 ㉕仮設備のための諸調査
施工段階	完成	地質諸条件の確認・修正	㉖工事箇所の掘削面地質解析（1/500～1/200） ㉗本体基礎の掘削面地質解析・評価（1/200～1/500） ㉘グラウチング解析図
維持管理段階			㉙ダムの各種測定（応力・たわみ・漏水・揚圧力・変位・変形・地震等）

2.2.3（6）計算例で求めた tan φ = 0.7299、τ₀ = 807kN/m² としてヘニーの式により安全率を求める。堤体の単位体積重量は 23 kN/m² とし、動的な力（地震による力）および揚圧力（底面からの水圧により浮き上がらせる力）は考慮しないものとする。

ヘニーの式で、

$\tau_0 = 807\text{kN/m}^2$

$L = 40\text{m}$

$\tan \phi = f = 0.7299$

$V = 50 \times 40 \times 1/2 \times 23 = 2.3 \times 10^4 \text{kN/m}$

$H = 45 \times 45 \times 1/2 \times 9.8 = 9.9 \times 10^3 \text{kN/m}$

として、

$$n = \frac{807 \times 40 + 0.7299 \times 2.3 \times 10^4}{9.9 \times 10^3}$$

$= 4.96$

となり、安全率が4以上となる。

実際のダムの安定解析では、ダム上流面に傾きがあってVに水の重量が加わったり、基礎地盤が一様でなく複数の τ₀、f（tan φ）を組み合わせたり、動的な力や揚圧力などを考慮するが、基本は上述のように考えればよい。

なお、安全率4以上と計算されても、FEM（Finite Element Method：有限要素法）解析によって局所安全率の分布を求めると局所的に安全率の低い部分が存在することがあるので、ヘニーの式での安全率4というのは必ずしも大きな値とはいえないとされている。

ヘニーの式は一般に堤体と基礎地盤の境界面で検討するが、安定上別の箇所が問題となる場合もある。コンクリート重力式ダムの力学的安定性が問題となるケースとして、図-3.2のような場合にはとくに注意が必要である。

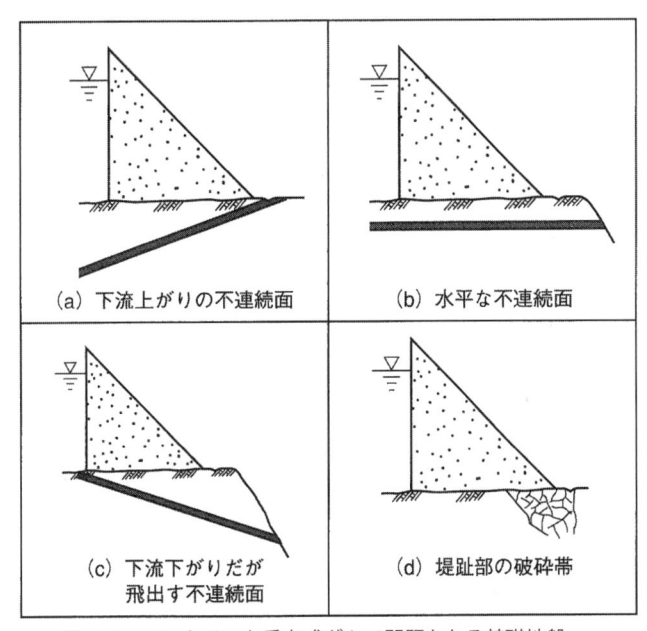

図-3.2 コンクリート重力式ダムで問題となる基礎地盤

(a) 下流上がりの不連続面
(b) 水平な不連続面
(c) 下流下がりだが飛出す不連続面
(d) 堤趾部の破砕帯

この図中の（a）は、一般には下流上がり断層などと称される地質構造の場合である。これはダムに水圧がかかって水平方向の外力が生じた場合、その断層面（一般には低強度）に沿って破壊する可能性を示唆している。したがって断層ではなくても、低強度となる層理面や、片理面でも同じことが指摘される。ただし地質構造の傾斜が急角度である場合には問題とならない。（b）のような水平地質構造はもっとも注意を要する。一般にダムの下流側の地形は低くなっており、水平の断層が下流で地表に飛び出すからである。また(c)のように下流下がりの断層であれば一般には問題ないとされるが、下流側の地形が断層の傾斜以上に下がっていると同じ問題がある。要はダム基礎下に存在する地質構造が下流側地表に飛び出す形となるか、否かがポイントである。さらに（d）のようにダム下流端（堤趾部）には大きな力が作用するため、そこが脆弱な基礎地盤であることも問題となる。

3.2.2 コンクリートアーチ式ダムの基礎地盤の安定

　コンクリートアーチ式ダムは貯水池の水圧荷重などを堤体のアーチ作用を利用して両岸に伝え、これを両岸の基礎地盤のせん断強度で支持する。コンクリート重力式ダムのように堤体自重による摩擦力（tan φ）を期待できないので、コンクリート重力式ダムに比較して純せん断強度（$τ_0$）が大きい基礎地盤が求められる。すなわちコンクリートアーチ式ダムの基礎地盤の力学的安定性は、堤体と基礎地盤との接触面および基礎地盤内の弱点と考えられる面において、せん断力によるすべり破壊に対して安定であることが必要である。

　コンクリートアーチ式ダムの力学的安定性が問題となるケースとして、図-3.3のような場合にはとくに注意が必要である。

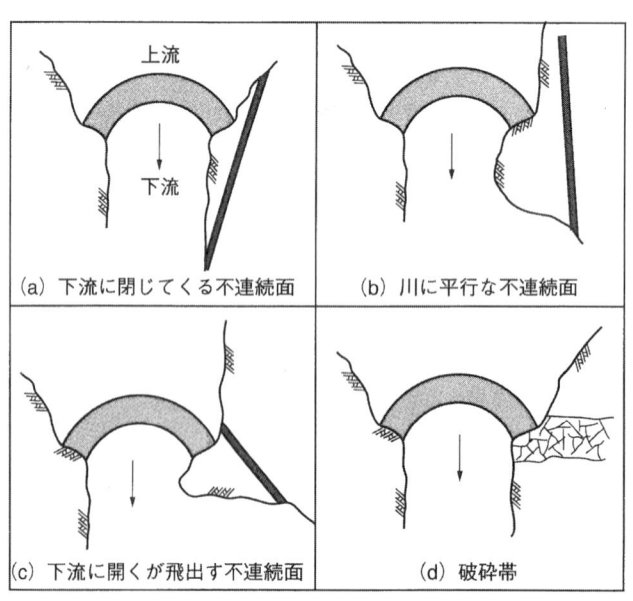

図-3.3　コンクリートアーチ式ダムで問題となる基礎地盤

3.2.3 フィルダムの安定

　フィルダムはコンクリートダムに比べて堤体の底面積が大きいため、その基礎地盤に作用する単位面積当たりの荷重が小さいことから高い力学的特性は要求されず、良好でない基礎地盤の上でも建設が可能である。ただしロックフィルダムのコアおよびフィルターゾーンの基礎は、沈下による悪影響を考えてコンクリート重力式ダム並みの地盤が要求される。

　フィルダムの力学的安定性の検討においては一般に堤体斜面での円弧すべり安定解析（7.5.3 参照）が行われ、安全率 1.2 以上が必要とされる。これは基礎地盤がよほど脆弱なものでない限り、盛立材料の強度に左右される安定解析となる。

　フィルダムの基礎地盤では、強度特性よりも変形性（過大な変形や不等沈下を起こさないこと）や透水性（パイピングを起こさないこと）が重要である。

3.3 ダムの施工と地盤地質

3.3.1 施工フローと関連する地盤地質

　ロックフィルダムの一般的な施工フローと地盤地質のかかわりは、図-3.4 の通りである。このフロー図で、コンクリート重力式ダムとの違いは以下の点である。
- 「盛立」がコンクリート重力式ダムでは「コンクリート打設」となること
- コンクリート重力式ダムでは「コンソリデーション（ロックフィルダムのブランケット）グラウチング」が、コンクリート打設の後にくることが多いこと
- 「材料採取」はロックフィルダムでは盛立材料と骨材であり、コンクリート重力式ダム

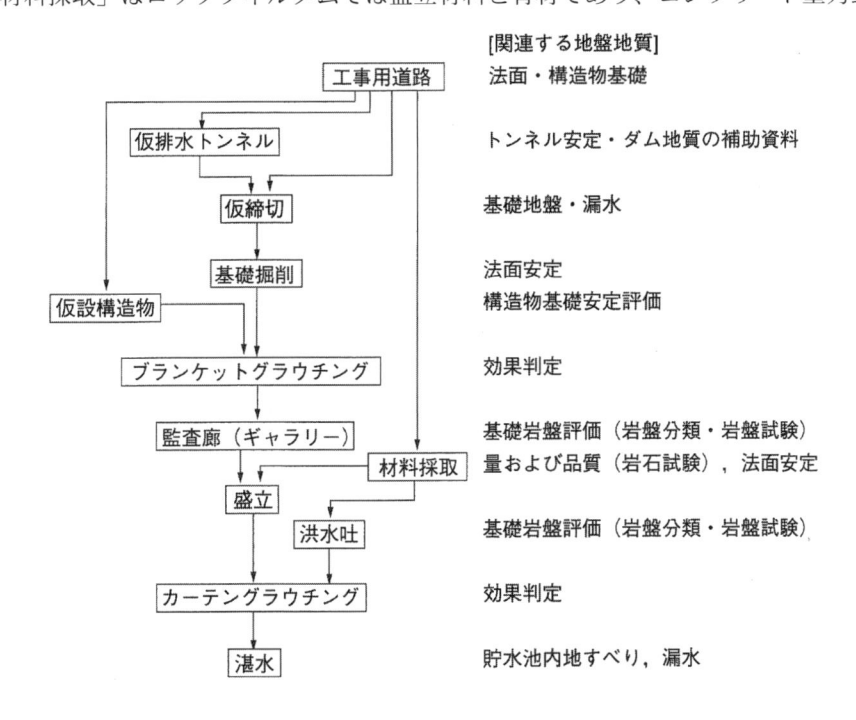

図-3.4　ロックフィルダムの施工フローと地盤地質

では骨材であること
・「洪水吐」はロックフィルダムでは堤体外、コンクリート重力式ダムでは堤体内であり堤体コンクリート打設と同じとなること

3.3.2 断層処理

コンクリート重力式ダムにおいてその基礎地盤にダム上下流方向の断層破砕層が存在し、所定の安全率が確保できないときには、一般に図-3.5に示すような置換えプラグを施工する。

置換えプラグの所要深さ d は次の式で算定する。

$$d = \frac{n \cdot H_p - f \cdot V_p}{2\sqrt{1+m^2} \cdot \tau_0 \cdot l}$$

n：安全率
H_p：($B + 2md + 2b$) の区間に作用する水平力（kN）
V_p：($B + 2md + 2b$) の区間に作用する鉛直力（kN）
B：断層幅（m）
m：図中の勾配を示す値
b：図中の長さ（m）で一般に 0.5～1.0m
f：内部摩擦係数
τ_0：純せん断強度（kN/m²）
l：コンクリート置換え長さ（m）で一般に堤敷幅（基本三角の底辺）

この置換えプラグの計算を簡単な事例で説明する。諸条件は、前述のコンクリート重力式ダムの安定計算に用いたヘニーの式の計算事例（3.2.1 参照）で条件（$V = 2.3 \times 10^4$ kN/m、$H = 9.9 \times 10^3$ kN/m、$f = 0.7299$、$\tau_0 = 807$ kN/m²、$l = 40$m）と同一とし、断層の幅 B を 2m、断層両側の袖部の幅 b を 0.5m、両側法面の勾配を示す m を 1.0 として、安全率 $n > 4$ となるプラグ掘削深さを求める。

まず上述の計算式を、n を求める d の関数式に変形する。

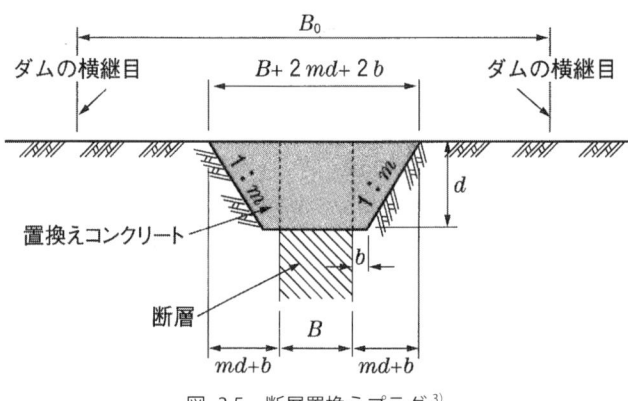

図-3.5 断層置換えプラグ[3]

$$n = \frac{2d\sqrt{1+m^2} \cdot \tau_0 \cdot l + f \cdot V_p}{H_p}$$

ここで、
$$V_p = V \cdot (B + 2md + 2b)$$
$$H_p = H \cdot (B + 2md + 2b)$$

なので、
$$n = \frac{(2\sqrt{1+m^2} \cdot \tau_0 \cdot l + f \cdot V \cdot 2m) \cdot d + f \cdot V \cdot (B+2b)}{H \cdot 2m \cdot d + H \cdot (B+2b)}$$

ここにヘニーの式の計算事例での条件より、
$$H = 9.9 \times 10^3 \text{kN/m}$$
$$V = 2.3 \times 10^4 \text{kN/m}$$
$$\tau_0 = 807 \text{kN/m}^2$$
$$f = \tan \phi = 0.7299$$
$$l = 40\text{m}$$

また、与条件より、
$$B = 2\text{m}、b = 0.5\text{m}、m = 1.0$$

であったので、
$$n = \frac{(2\sqrt{1+1^2} \times 807 \times 40 + 0.7299 \times 2.3 \times 10^4 \times 2 \times 1.0) \times d + 0.7299 \times 2.3 \times 10^4 (2+2 \times 0.5)}{9.9 \times 10^3 \times 2 \times 1 \times d + 9.9 \times 10^3 \times (2+2 \times 0.5)}$$

$$= \frac{124877 \times d + 50363}{19800 \times d + 29700}$$

$d = 2.0$m とすると　　$n = 4.33 > 4.0$
$d = 1.5$m とすると　　$n = 4.001 > 4.0$
$d = 1.0$m とすると　　$n = 3.88 < 4.0$

よって d は 1.5m とする。

3.3.3 グラウチング

グラウチングとは、地盤を強固にしたり、止水性能を向上させるためにセメント懸濁液などを地盤中に注入することである。注入する材料はグラウトといい、グラウチング（注入行為）と明確に使い分ける。目視が困難な地盤内での施工となるため、従来経験的な要素が強いといわれてきたが、最近グラウチングの改良効果や、セメントミルクの浸透状況などを理論的に解明するための研究 4) 5) が見られる。

(1) ダムにおけるグラウチングの種類

ダムにおけるグラウチングは基礎地盤の表面近くを密実にするコンソリデーショングラウチング（フィルダムではブランケットグラウチング）と、決められたラインで止水する

カーテングラウチング（ダム袖部ではリムグラウチングという）が主なものである。そのほか構造物周辺のためのコンタクトグラウチングや、コンクリートダムブロック間のジョイントグラウチング、フィルダムでのスラッシュグラウチングなどがある。それらの種類と改良目的を表-3.4 に、基本的な孔配置を図-3.6 に示す。

表-3.4　グラウチングの種類と改良目的

名　称	対　象	目　的
カーテングラウチング	すべてのダム	ダム基礎岩盤において、浸透路長が短い部分と貯水池外へのの水みちとなる恐れのある高透水部の遮水性を改良
リムグラウチング	すべてのダム	ダム両袖部の止水
ファングラウチング	すべてのダム	リムグラウチング外側の扇型止水
コンソリデーショングラウチング	コンクリートダム	岩着部付近において、浸透路長が短い部分の遮水性を改良 断層破砕帯などの弱部を補強
ブランケットグラウチング	フィルダム	基礎地盤において、浸透路長が短いコアゾーンとの接触部付近の遮水性を改良
コンタクトグラウチング	コンクリートダム フィルダムの監査廊 フィルダムの洪水吐	岩盤と構造物の一体化 構造物底面に作用する揚圧力の低減
ジョイントグラウチング	コンクリートダム フィルダムの監査廊 フィルダムの洪水吐	コンクリートダム打継面の充填
スラッシュグラウチング	フィルダム	コア・フィルター着岩部の密着

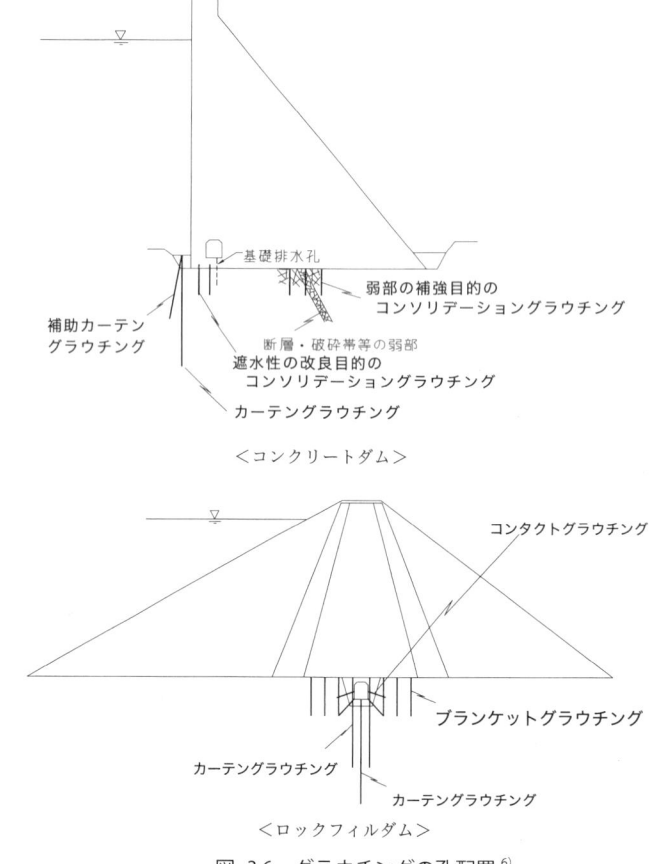

図-3.6　グラウチングの孔配置[6]

(2) ルジオンテストとルジオン値

ダムにおいては基礎地盤の透水性をルジオン値で表現し、ルジオンテストで求める。ルジオンテストは図-3.7 のように、ボーリング孔内でパッカーにより止水した区間に水圧をかけたときの透水量と有効圧力から、ルジオン値なるダム特有の透水性評価をする。ルジオン値は次式で算定する。

$$Lu = \frac{980Q}{P \cdot L}$$

Q：透水量（l/min） P：有効圧力（kPa）
L：区間長（ステージ長と呼ぶのが一般的）で一般には 5（m）

なお、この式はもともと圧力を kgf/cm² 単位で与えていたときに、

$$Lu = (10\,Q) / (P \cdot L)$$

という形で表現されていたものを、SI 単位表記（kPa）に改めた場合の算定式である。インプットする値の単位に注意が必要である。

ルジオンテストにおいてある圧力で透水量が急に増大することがあるが、その急増するときの圧力を限界圧力と呼ぶ。地盤の強さ以上に圧力を高くしたため破壊が生じ、その結果透水量が増大した現象と考えられている。図-3.8 のような結果が得られた時、ルジオン値は初期直線勾配から求め、限界圧力は折れ曲がり点から求める。

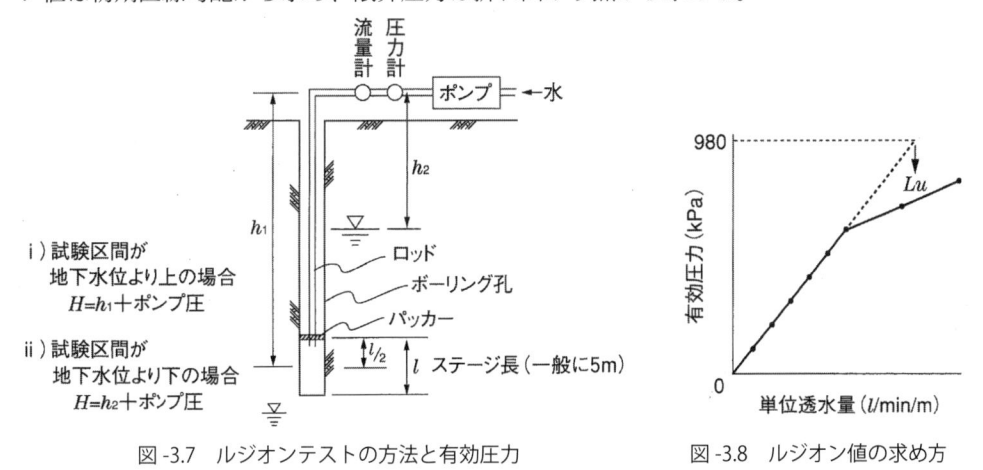

図-3.7 ルジオンテストの方法と有効圧力

図-3.8 ルジオン値の求め方

以上のルジオンテストの結果は断面図上にルジオンマップとしてまとめるが、ルジオンマップには図-3.9 のようにルジオン値の結果のみをゾーンとしてまとめる方法（a）と、ルジオン値と単位セメント量とそれぞれ半円を用いて表示する方法（b）とがある。一般に（a）は事前調査時、（b）は施工時に用いられる。

(3) ルジオン値の計算例

カーテングラウチングの一つのステージ（ステージ長 5m）におけるルジオンテスト結果で、表-3.5 のような結果が得られたとして、ルジオン値を算定してみる。このステー

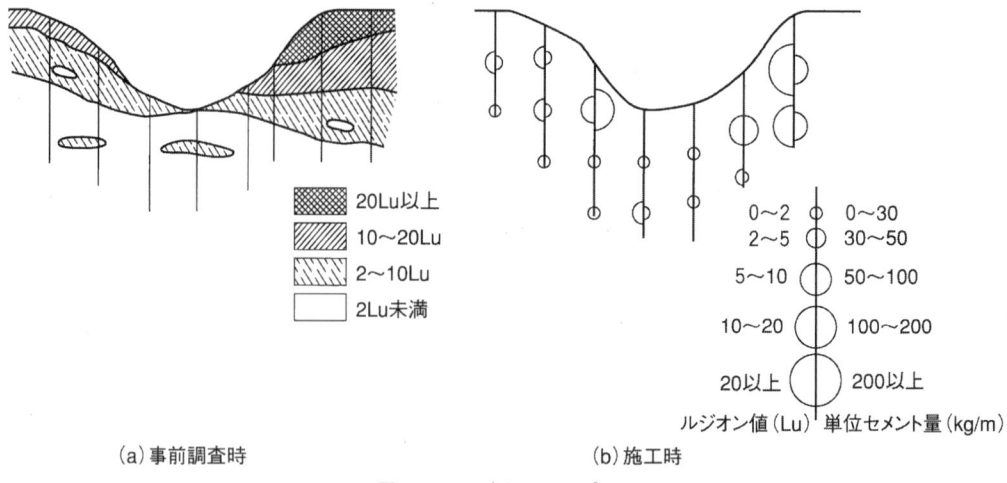

図-3.9 ルジオンマップ

(a) 事前調査時　　　(b) 施工時

ジは地下水位以下で、地下水位はポンプから18m下位にあるものとすると、このステージの有効圧力は（計器圧力＋176kPa）となる。

この結果からP-Q曲線を図-3.10のように作成する。グラフから勾配変化点として限界圧力920kPaを得る。また初期直線の中で最も大きい結果値を用いてルジオン値（単位：Lu）を求めると次のようになる。

$$Lu = \frac{980Q}{P \cdot L} = \frac{980 \times 33.1}{776 \times 5} = 8.4\,\mathrm{Lu}$$

表-3.5 ルジオンテスト結果例

計器圧力 P'(kPa)	有効圧力 P(kPa)	透水量 Q(l/min)	単位透水量 Q/L(l/min/m)
200	376	16.2	3.24
400	576	24.6	4.92
600	776	33.1	6.62
800	976	43.3	8.66
1000	1176	59.0	11.80

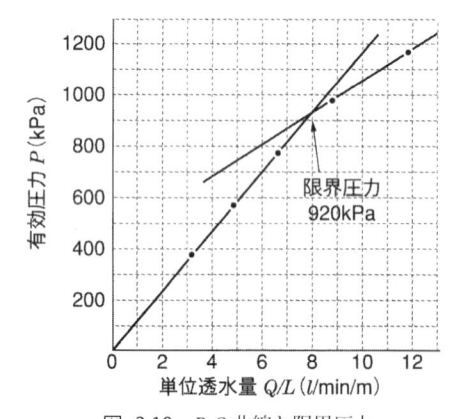

図-3.10 P-Q曲線と限界圧力

(4) グラウチングの方法

ダムにおけるグラウチングには、削孔→ルジオンテスト→グラウチング→次ステージ削孔と下方に向かって繰り返すステージグラウチング法と、いったんボーリング孔を一番下まで削孔し孔底からルジオンテスト→グラウチングを実施しながら上がってくるバックステージ（パッカーグラウチング）法とがある。一般には前者の方法が多い。

(5) グラウチング孔配置

　コンソリデーショングラウチング孔は一般にグリッドを組み、その交点にまずグラウチングをし、次はその間を詰めていって目標とするルジオン値までの改良を目指す。

　カーテングラウチングでは、一般に孔間隔30mのパイロット孔から、その中央に1次孔、さらにその中央に2次孔・3次孔と中間に内挿していき最後にチェック孔となる（図-3.11）。この列を1～3列とする例が多い。

　施工前に実施されるグラウチング試験では、図-3.12のような配置で行うことが多い。

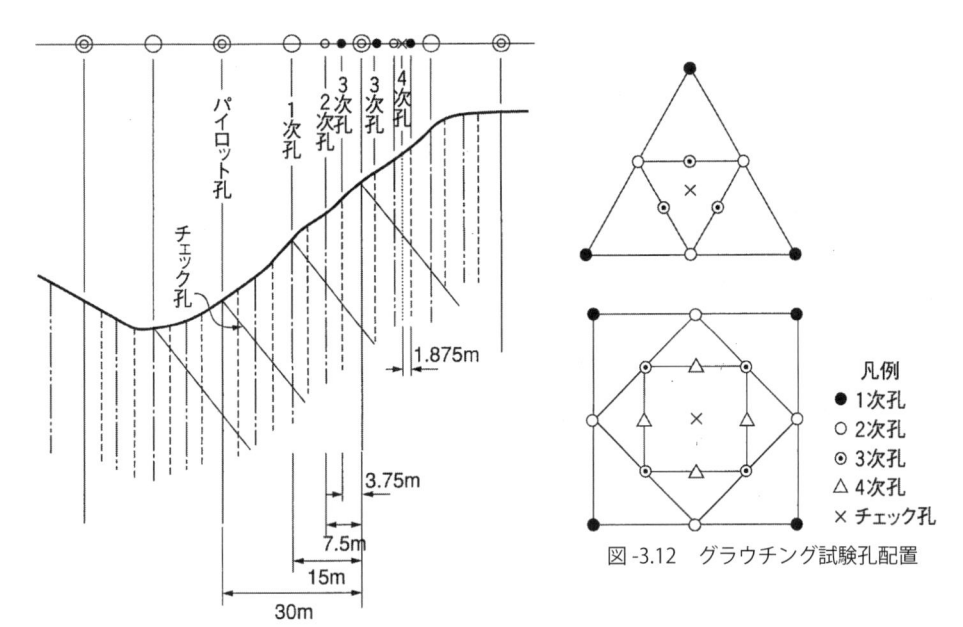

図-3.11　カーテングラウチング孔配置例

図-3.12　グラウチング試験孔配置

凡例
- ● 1次孔
- ○ 2次孔
- ⊙ 3次孔
- △ 4次孔
- × チェック孔

(6) 改良効果の判定

　グラウチングに伴う岩盤の改良効果は各グラウチング次数ごとのルジオン値の平均値などから図-3.13のようにまとめられることが多い。この図で例えば4次孔の結果とは、3次孔をグラウチングした段階で4次孔グラウチングの前のルジオン試験結果という意味である。改良効果は最後に検査（チェック）孔で確認する。

　コンソリデーション（ブランケット）グラウチングの改良目標値は一般に5Lu、カーテン（リム）グラウチングの改良目標は一般に2Luとされているケースが多い。

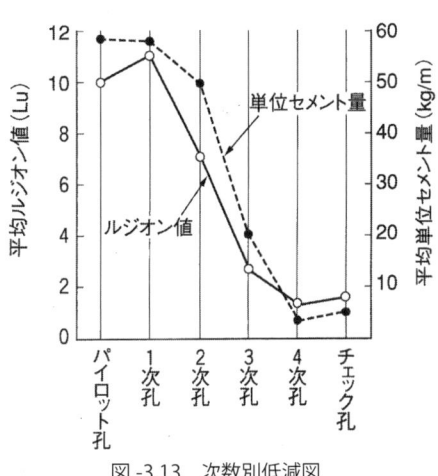

図-3.13　次数別低減図

(7) 注入実績計算例

グラウチング実施時の配合切換え基準が表-3.6である時、表中上側の低濃度からグラウチングを開始して、最大注入量に達したら次の濃度に切り

表-3.6 配合切替え基準

配合 W/C(水・セメント比)	最大注入量(ℓ)
10	600
8	600
6	1000
4	1000
2	1000
1	2000
合計	6200

表-3.7 1000ℓ 当たりグラウト配合

配合 W/C(水・セメント比)	水容量(ℓ)	セメント容量(ℓ)
10	967.7	32.3
8	960.0	40.0
6	947.3	52.7
4	923.0	77.0
2	856.8	143.2
1	749.0	251.0

替える。低濃度から高濃度へ配合を切り替えながら注入した結果、最終の1：1濃度が500ℓで終了したものとする。なお、グラウトに用いたセメントは、高炉セメントB種(セメント単位容積質量 3.0kg・ℓ)とし、そのグラウト配合は表-3.7であるとする。

これよりこのステージ(ステージ長 5m)における単位注入セメント量(kg/m)を求める。まず全注入セメント量Cは次のように算定される。

$$C = \frac{32.3 \times 3.0 \times 600}{1000} + \frac{40.0 \times 3.0 \times 600}{1000} + \frac{52.7 \times 3.0 \times 1000}{1000}$$
$$+ \frac{77.0 \times 3.0 \times 1000}{1000} + \frac{143.2 \times 3.0 \times 1000}{1000} + \frac{251.0 \times 3.0 \times 500}{1000}$$
$$= 58.1 + 72.0 + 158.1 + 231.0 + 429.6 + 376.5$$
$$= 1325.3 \text{ kg}$$

したがって単位注入セメント量は、ステージ長 5m で除して次のようになる。
$$c = 1325.3 \div 5 = 265.1 \text{ kg/m}$$

(8) グラウチングで注意を要する地盤地質

図-3.14 に示すような地盤地質状況の場合、湛水後に多量の漏水が発生することが多く要注意である。地下水位は一般に地表と類似の形の分布をすると考えられているが、それが異常に低い場合も注意を要する。

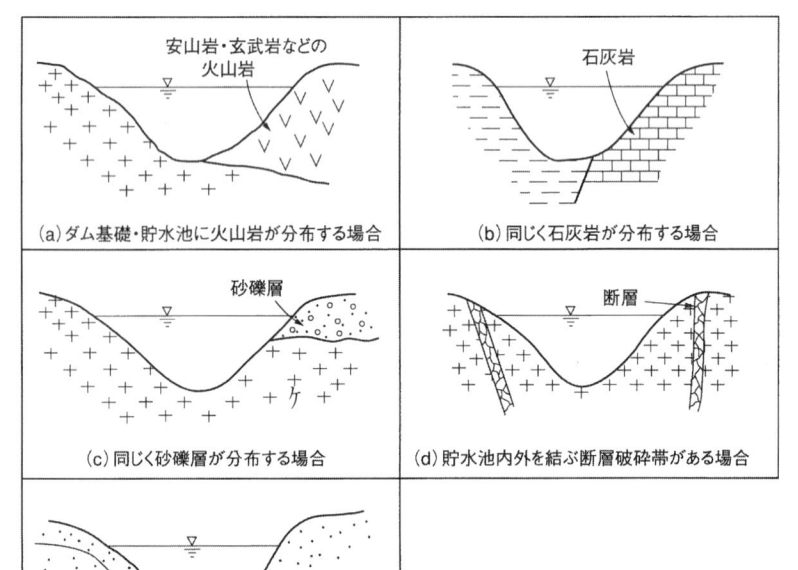

図-3.14 ダムグラウチングで注意を要する地盤地質

(a) ダム基礎・貯水池に火山岩が分布する場合
(b) 同じく石灰岩が分布する場合
(c) 同じく砂礫層が分布する場合
(d) 貯水池内外を結ぶ断層破砕帯がある場合
(f) 地下水位が異常に低い場合

3.4 ダムに用いる岩石材料

3.4.1 コンクリート骨材
(1) コンクリート骨材の条件

コンクリート骨材には、堅硬で耐久性に富むこと、粒形・粒度分布が適切であること、有害物を含有しないことなどの性質が要求される。堅硬で耐久性に富むことは、未風化ですりへり抵抗が大きく吸水率が小さいことを意味し、比重が大きいこと（一般に2.6以上）も関連する。また粒形は扁平でないことが要求されるので、板状になりやすい層状チャート・結晶片岩・粘板岩などは一般には不良とされる。コンクリートに対する有害鉱物にはローモンタイト、モンモリロナイト、クリストバライトなどがある。

また固まった後のコンクリートにたくさんのクラックが入ったり、バラバラに分離したりする現象の原因であるアルカリ骨材反応（写真-3.1）を起こしやすい岩石として、珪質岩（蛋白石質チャート・玉髄質チャート・珪質石灰岩など）、火山岩の中の流紋岩・流紋岩質凝灰岩・安山岩・石英安山岩、変成岩の千枚岩、その他蛋白石・玉髄・燐灰石を含む岩石などが挙げられる。

写真-3.1 アルカリ骨材反応を起こしたコンクリート

(2) コンクリート骨材の採取

河床砂礫は堅硬、球状の粒形、粒度分布の良さなどからコンクリート骨材として良好な材料であるが、河川での採取制限が厳しくなり現在の国内では原石山からの採取が一般的である。

原石山の条件として、材質、賦存量、廃棄量、歩留り、有害物質選別の難易、運搬距離、工事用道路や土捨て場の確保、発破の振動・騒音の影響、希少生物（イヌワシ、オオタカなど）の保護、採取後の法面保護・緑化などの検討が必要である。

3.4.2 ロックフィルダム築堤材料

ロックフィルダムのうち中央遮水型と呼ばれるタイプを図-3.15に示す。

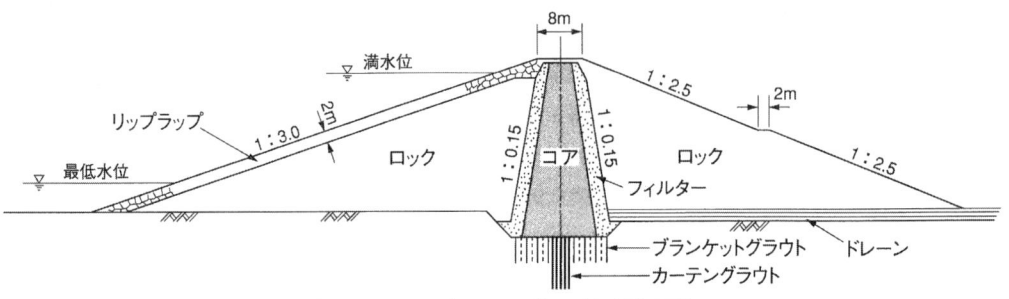

図-3.15 ロックフィルダム（中央遮水型）

(1) 透水性材料（ロック材料）

ロックフィルダムの透水性材料は一般に原石山から採取され、そこで検討すべき内容はコンクリート骨材の原石山の場合と同様である。透水性材料は、新鮮堅硬で割れ目が少なく比重が大きいこと、風化作用に対して耐久性があること、盛立てた場合大きなせん断抵抗があること、浸透水の排水がよいこと、大小のサイズが適当に混在しており粒度分布がよいことなどの材質が求められる。

ロックフィルダムの透水性材料としての材質に関して注意を要する岩種として、膨潤性やスレーキング性を有することがある蛇紋岩、輝緑岩、はんれい岩、泥岩、凝灰岩など、転圧で破砕されやすい粘板岩、頁岩、泥岩、凝灰岩、新第三紀層の岩石、結晶片岩などのほか、温泉変質作用を受けた岩石や、空隙の多い岩石がある。

(2) 半透水性材料（フィルターおよびトランジション材料）

ロックフィルダムの半透水性材料は、材質から見れば河川堆積物がよいが、主として自然環境保護上の問題で、最近は原石山採取材料からの破砕、選別により生産されることが多い。

半透水性材料には、堅硬で施工時に破砕（粒度変化）が少ないこと、盛立てたときに所要の排水性とせん断強度を有していること、粒度分布が適当で締固めが容易なこと、有機物を含まないことなどの材質が求められる。

(3) 遮水材料（コア材料）

フィルダムの遮水材料は、ある程度礫分を含み適度に細粒分を含んだ材料が適する。風化岩、風化残留土、崖錐堆積物、細粒の火山砕屑物などが対象となる。遮水材料の採取場所は、透水性材料と要求される性質が異なるため、原石山とは別の土取場とされることが多い。

3.5 ダムの仮設備

ダムの仮設備の設置場所は、地盤地質の条件よりも地形的条件のほうが優先され、ダム本体工事の効率が重視された配置となる。しかしダムの仮設備に問題が発生すると、当然

本体工事に大きく影響することになるので、基礎の地盤条件を十分検討しなければならない。

3.5.1 骨材の製造・貯蔵設備

骨材プラントと呼ばれ、クラッシャー、ロッドミル、スクリーンタワー、骨材ビンなどがあって一般には原石山の近くに設置される。ある程度の地盤の支持力があればよいので、岩盤基礎までは要求されない。

3.5.2 コンクリートの製造・運搬設備

コンクリートダムにおけるコンクリート製造設備はバッチャープラントと呼ばれ、一般にはダム本体の近くに設置される。また運搬設備にはバンカー線（走行路）およびクレーン（ケーブルクレーン、タワークレーンなど）があり、実際にかかる力が大きく重要な構造物なのでこれらの基礎は岩盤であることが要求される。また斜面部に設置されることが多く、すべりの検討が必要なことがある。断層の存在や流れ盤状の割れ目にとくに注意を要する。

タワークレーン基礎に断層が出現したと想定した場合の簡単な安定計算事例を以下に示す。

図-3.16はタワークレーンのポストを設置する予定位置の断面図であり、基礎コンクリートの奥行きの幅は6mとする。ここに基礎地盤に断層の存在が確認されたものとし、この安定を施工段階ごとに検討する。施工段階は、すべり土塊荷重（W_1）から、基礎コンクリート荷重（W_2）、ポスト荷重（W_3）と順次加えていき、最後に吊り最大時荷重（W_4）まで与える。いずれの段階も安全率1.2以上を確保したいものとする。

安定計算は図-3.17のように想定すべり面沿いにすべろうとする力とすべりに抵抗する力とのつり合いを考える。すべりに抵抗する力の根拠となるcとϕの設定が問題であるが、ここでは$\phi = 20°$（$\tan \phi = 0.3640$）、$c = 50\text{kN/m}^2$と仮定することにする。

安定計算式は次の通りである。

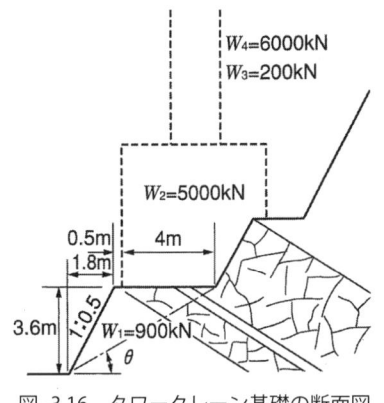

図-3.16　タワークレーン基礎の断面図

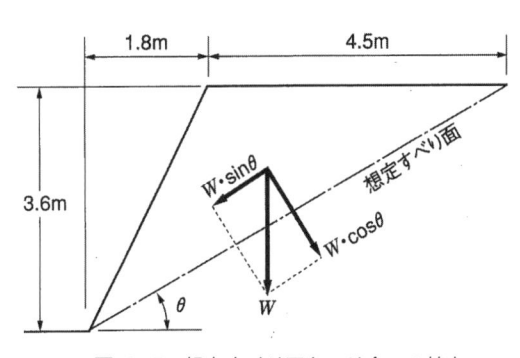

図-3.17　想定すべり面とつり合いの基本

$$\text{安全率}=（\text{すべりに抵抗する力}）÷（\text{すべろうとする力}）$$

$$F_s = \frac{W \cdot \cos\theta \cdot \tan\phi + c \cdot S}{W \cdot \sin\theta}$$

ここに図-3.17 よりすべり面傾斜（θ）およびすべり面の面積（S）は次のようになる。

$$\tan\theta = \frac{3.6}{4.5+1.8} = 0.5714$$

$$\theta = 29.7°$$

$$S = \sqrt{3.6^2 + (4.5+1.8)^2} \times 6$$

$$= 43.5 \text{m}^2$$

i) 掘削時の安定計算

$$F_{s_1} = \frac{900 \times \cos 29.7° \times 0.3640 + 50 \times 43.5}{900 \times \sin 29.7°}$$

$$= \frac{285 + 2175}{446} = 5.52 > 1.2 \quad \to \text{OK}$$

ii) 基礎コンクリート打設時の安定計算

$$F_{s_2} = \frac{(900+5000) \times \cos 29.7° \times 0.3640 + 50 \times 43.5}{(900+5000) \times \sin 29.7°}$$

$$= \frac{1865 + 2175}{2923} = 1.38 > 1.2 \quad \to \text{OK}$$

iii) ポスト建込み時の安定計算

$$F_{s_3} = \frac{(900+5000+200) \times \cos 29.7° \times 0.3640 + 50 \times 43.5}{(900+5000+200) \times \sin 29.7°}$$

$$= \frac{1929 + 2175}{3022} = 1.36 > 1.2 \quad \to \text{OK}$$

iv) 最大荷重作用時の安定計算

$$F_{s_4} = \frac{(900+5000+200+6000) \times \cos 29.7° \times 0.3640 + 50 \times 43.5}{(900+5000+200+6000) \times \sin 29.7°}$$

$$= \frac{3856 + 2175}{5995} = 1.00 < 1.2 \quad \to \text{NO}$$

　この事例では、iv) の最大荷重作用時において所定の安全率（1.2）が得られないことになり、何らかの対策が必要ということになる。計算式上は基礎地盤を下げることでθを緩くすれば、すべろうとする力が小さくなるし、すべりに抵抗する力が増大して安全率は高くなる。しかし一般にこのような検討の段階ではタワーの高さや平面位置を変更することが困難であることが多く、杭（深礎）で荷重を下方に逃がしたり、アンカーなどで地盤を補強することによりすべりに抵抗する力を増やす方法が採られることが多い。グラウチ

ングで地盤強度を増す方法も考えられるが、どの程度の効果があるかが定量的にはっきりしないことが多いので、力学的なバランスで評価できる上記のような方法とするのが一般的である。

3.5.3 その他の仮設備

濁水処理設備、工事用道路、仮排水路（バイパス）などがある。濁水処理設備で基礎が問題になることは少ない。工事用道路では、法面安定（上部切土、下部盛土の安定）が、仮排水路がトンネルの場合には掘削時の安定が、地盤地質に関する問題となる。

3.6 黒部ダム[7]

　黒部川第四ダム（通称黒四ダム）は 3000m 級の山並みを有する北アルプス山中の標高 1454m（ダム天端）地点にある。黒部川は鷲羽岳に源を発して 3000m の標高から宇奈月を経て日本海に注ぐ全長 86km、河川平均勾配が 1000 分の 25 という稀な急流で、水力発電には好条件を備えていた。しかし国立公園であるという制約のほか、1 年の半分が 5m の積雪であったり、年平均降雨量 3810mm の多雨など厳しい気象条件があった。また 1956 年の着工時には資機材運搬は富山県阿弥陀ヶ原の追分小屋から、標高 2680m の一ノ越峠を越える 25km を人力で行うという手段しかなかった。荷物を背負って運ぶ人をボッカ（強力）と呼ぶが、地元だけでは足りず富士山からも招いて、最盛期には 400 名となった。工事用の資機材（建設機械は分解）、軽油、食料、テントなど 1 人当たり 75kg の荷がボッカの背で運ばれた。

　長野県大町市の扇沢からダム地点に抜ける関電トンネルは途中 1700m 地点で大破砕帯に遭遇し、約 80m 間を突破するのに 7 ヵ月を要するという難工事となった。この模様を映画化したのが 1968 年に上映された「黒部の太陽」（三船敏郎・石原裕次郎主演）である。1958 年 10 月にトンネルが貫通したのちは、資機材搬入能力が飛躍的に向上した。このトンネルはいまでは観光用に供されており「立山黒部アルペンルート」の一部でトロリーバスが運行されている。走っていると大破砕帯の標識が掲げられている。

　1958 年 10 月にダム基礎地盤の掘削が開始され、大型機械を投入して施工が進められ、1959 年 9 月に 110 万 m^3 の掘削を終了した。しかしこの掘削も順調であったわけではなく、5 月から 9 月にかけて伊勢湾台風など 4 回も豪雨・洪水に見舞われ、崖崩れや土砂流入があいついだ。

　黒四ダムの建設費は、関西電力が世界銀行からの借款によって建設した。1960 年 5 月に世銀技術顧問団が現場を訪れて設計などを詳細に検討した結果、基礎岩盤（とくに上部）の状態について危惧し、ダム高さを低くするように勧告した。これはその前年の 12 月に起こったフランス・マルパッセアーチダムの崩壊（表 -3.1 参照）が影響していたものと考えられる。これに対し関西電力は徹底的な基礎処理（グラウチング）工事で安全性には問題ないとして議論を重ね、結局は一部の岩盤補強工事の設計変更のみで、ダム高さに変更はなかった。

写真-3.2 黒部ダム

このダムは工事途中の段階で貯水を開始し一部の発電を開始する計画であったため、ダム高さ120mに達した1960年10月に貯水を始め、約2ヵ月後に貯水位1380mに達して、まず15.4万kWの発電が開始された。

その間も工事は続行され、図-3.18のような設備で1日のコンクリート打設量8653m^{3}の世界記録をうち立てながら、1962年末に160万m^{3}のコンクリート打設を終え、高さ186m（現在でも国内第一位）、堤頂長492mのアーチダムが完成した。

着工から8年を経て1963年6月に竣工式が行われ、そのときに大阪城から鯉33匹を選んで、1.4億m^3（有効貯水量）の中に放されたという。この水が黒部川第四発電所に導かれ、最大出力33.5万kWの電力を産み出している。

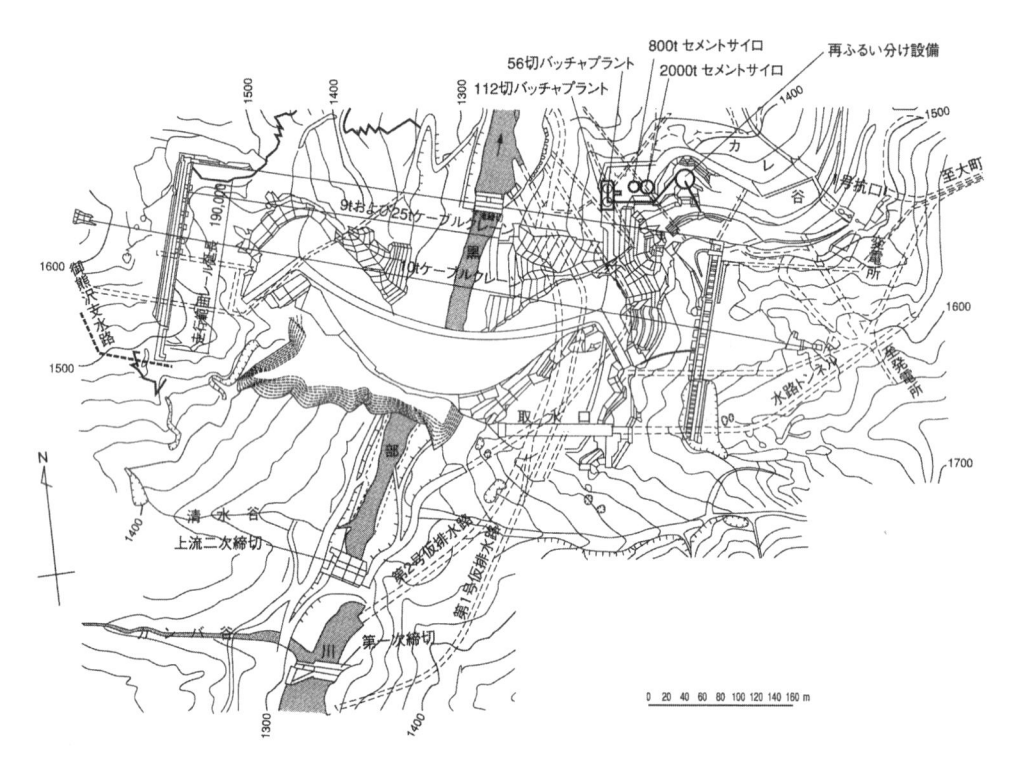

図-3.18 黒四ダムタワークレーン基礎の断面図

〔引用文献〕
1) 菅原捷：地質調査の事例、平成 11 年度地質調査（岩盤コース）研修テキスト、全国建設研修センター、1999
2) 日本応用地質学会：土木地質図作成マニュアル、日本応用地質学会、1999
3) 飯田隆一：コンクリートダムの設計法、技報堂出版、1992
4) Kohkichi KIKUCHI & Yoshitada MITO, Characteristics of seepage flow through the actual rock joints, PROCEEDINGS OF THE SECOND INTERNATIONAL WORKSHOP ON SCALE EFFECTS IN ROCK MASSES ; LISBON; PORTUGAL, the ISRM Commission on Scale Effects in Rock Mechanics, 305-312,1993
5) 武藤　光：節理性岩盤におけるグラウト充填メカニズムに関する地質工学的研究；博士論文、2000
6) 財団法人国土技術研究センター編：グラウチング技術指針同解説、2003
7) 間組百年史 1945-1989、1990

4. トンネル・地下空洞と地盤地質

トンネルは「上方に地山を残して下を掘りそこにできた空間をある用途に供するもの」と土木学会[1]では定義している。また、小断面の管と区別するため「内空断面 $2m^2$ 以上のもの」としている。

トンネルには鉄道・道路・水路などのように水平なものだけでなく、斜坑や立坑および地下空洞などの種類がある。トンネルおよび地下空洞の施工における最大の関心事は掘削した空間に向かって地山が崩壊してこないかにあり、地盤地質の状況が大きく影響する。

トンネル・地下空洞を用途別に分類すると次のようになる。
- 物流目的：道路、鉄道、鉱石運搬など
- 水路目的：灌漑水路、発電用水路、下水道、地下河川、地下調整池など
- エネルギー目的：地下発電所、燃料備蓄、エネルギー貯蔵など
- 都市インフラ：電力・通信洞道、地下街、地下駐車場など
- その他：地下実験場、地下劇場、退避壕、地下廃棄物処分場など

交通用のトンネルは、かつては旧国鉄のトンネルに代表されるように良い地山の所を選んで施工されていたが、最近は用地や環境上の制限と技術の進展により、地盤地質条件は二の次にされることが多い。しかし、トンネルの施工にとって地盤地質条件はコスト、工期、安全などに大きく影響する。

写真-4.1 トンネル湧水

4.1 トンネルの種類

トンネルは掘削対象となる地盤によって山岳トンネルと都市トンネルとに分けられる。一般には前者が岩盤、後者は土砂地盤である。これは山岳、都市という場所ではなく、地盤の種類によって使い分けられており、都市部でも山岳トンネルがあるし、海底でも関門

トンネルや青函トンネルは山岳トンネルという。

4.1.1 山岳トンネル

山岳トンネルで細長い形状のものとしては、道路、鉄道、水路などのトンネルが代表的である。また、特殊なものとしてセメント鉱山の石灰石運搬用ベルコントンネルなどもある。

原子力や火力発電所は発電のON・OFFの切替えが難しく、電力量の需要に応じてコントロールするためのいわばバッテリーとしての機能を揚水式水力発電所（図-4.1）にもたせている。この揚水式では一般に地下に発電所が設けられる。その空洞寸法は発電規模によって違ってくるが、オーダーとして幅30m、長手方向50m、高さ30m程度の縦長かまぼこのような形をしている。

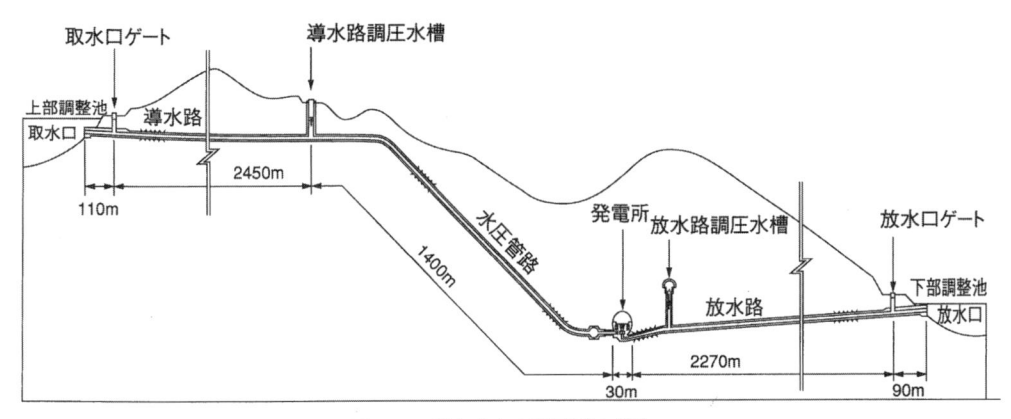

図-4.1 揚水式水力発電所の構造

中東戦争をきっかけに起こった石油危機のような状況を回避するため、石油の国家備蓄の一方法として地下備蓄基地（図-4.2）が、岩手県久慈（花崗岩）、愛媛県菊間（花崗岩）および鹿児島県串木野（火山岩）で運用されるとともに、LNG備蓄空洞も岡山県倉敷（花崗岩）、愛媛県波方（花崗岩）に建設された。また、エネルギー貯蔵ではCAESと呼ばれる高圧空気貯蔵や、超電導、熱水などの貯蔵も構想段階ではあるが、実現を目指している。このような燃料・エネルギー貯蔵の地下空洞では、入れるものの性状によって、地盤に求められる物性が異なる。

その他地下施設としては、飛騨高山や釜石鉱山跡の娯楽施設、岐阜県金華山の下水処理場などがあり、さらに特殊なケースとして岐阜県神岡鉱山の採掘跡を拡幅して設けられた東大宇宙線研のスーパーカミオカンデがある。これは宇宙から飛んでくるニュートリノに質量があるか否かを知るための実験施設で、茨城県つくばから人工的にニュートリ

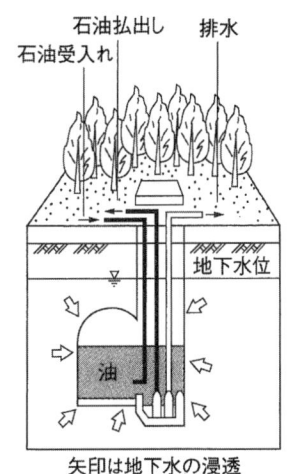

矢印は地下水の浸透
図-4.2 石油地下備蓄[2]

ノを発射し、このスーパーカミオカンデで捉えようとしている。また北海道幌延では立坑を使って落下させることにより無重力状態をつくり出しての実験も進められている。

主として原子力発電所から発生する放射性廃棄物は現在は仮保管の形となっているが、これを地下深くに処分する構想がある。数百 m 級の立坑と、水平の主要トンネルおよびそれから枝分かれする形の多数の処分トンネルから成る。そこに放射性廃棄物を封じ込めたキャニスターを設置し、ベントナイト粘土で充填していく方法が考えられている。フィンランド、アメリカでは建設サイトがほぼ決定しているが、地盤には長期にわたる高い遮水性能が求められることから日本では建設適地について慎重な検討が行われている。

4.1.2 都市トンネル

都市トンネルの用途として細長い構造の代表的なものに地下鉄、上下水道、送電線、通信線、共同溝などがある。また地下空間としては地下駅、地下街、地下駐車場などや、都市洪水調節のための地下河川や地下調整池などがある。

都市トンネルは土砂を対象とするトンネルで、細長い大断面のものはシールド工法で施工するのが一般的である。東京湾横断道路（アクアライン）のトンネルはシールド工法で施工された。そのほか冒頭の土木学会のトンネルの定義からは外れるが、上下水道トンネルのように地表から掘削して構築し埋め戻す開削工法や、小断面用の推進工法などがある。首都高湾岸線の海底トンネルは地上で作成したコンクリート函体を海底に敷設する沈埋函と呼ばれる工法で施工された。

なお都市部の大深度地下については、2000 年 5 月の国会で成立した「大深度地下の公共的使用に関する特別措置法」により活用が促されるようになった。これは地下室の建設が通常行われない深さ（地下 40m 以深）または建築物の基礎杭の設置が通常行われない深さ（杭を支える固い地盤の上面から 10m 以深）のうちいずれか深いほう以深において公共的利用を可能とする法律である（図 -4.3）。

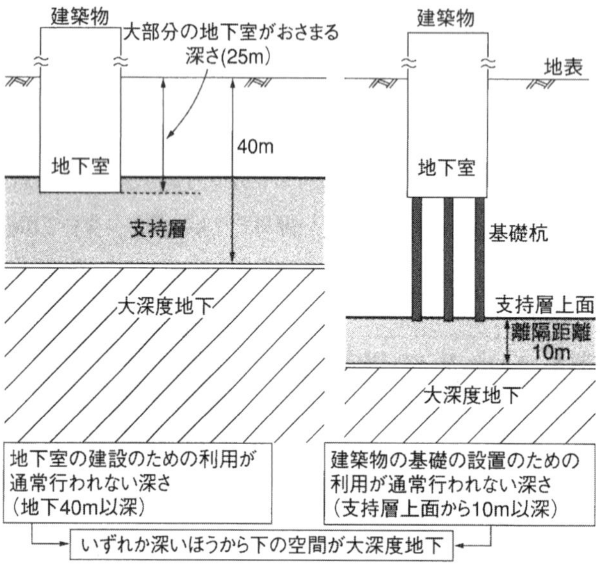

図 -4.3　大深度地下利用の定義

4.2 山岳トンネルの施工

山岳トンネルの施工は坑口付けの後、基本的に次のようなサイクルを繰り返しながら進む。

掘削 ⇒ ずり搬出 ⇒ 支保 ⇒ 覆工 ⇒ 掘削

このそれぞれの段階に各種の工法がある。また掘削・支保の段階で通常の方法では施工できない場合、これに各種の補助工法が追加される。

支保については、以前は鉄骨と矢板を用いる工法が一般工法と呼ばれていたが、現在は1970年代から普及してきたNATM（New Austrian Tunnelling Method）工法（図-4.4）が主流である。これは吹付けとロックボルトを主な材料とする支保の方法である。

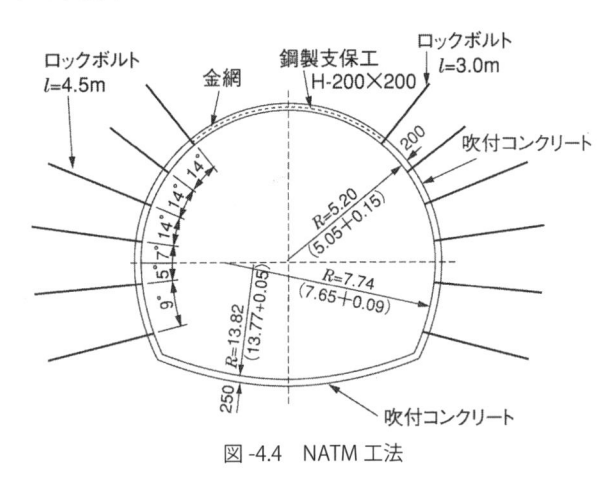

図-4.4　NATM工法

4.2.1 掘削工法

岩盤の掘削は、発破工法が一般的であるが、最近は騒音・振動などの環境影響を避けるためロードヘッダなどを用いる機械掘削工法を採用することが多くなってきた。しかしロードヘッダは硬岩で割れ目が少ない岩盤では発破に比べて能率が悪く、地盤地質の観点で見ると軟岩向きの掘削工法である。TBM（Tunnel Boring Machine）（写真-4.3）は長大トンネルの急速施工法として採用される。英仏間のドーバー海峡トンネルはこの工法が採用された。断層破砕

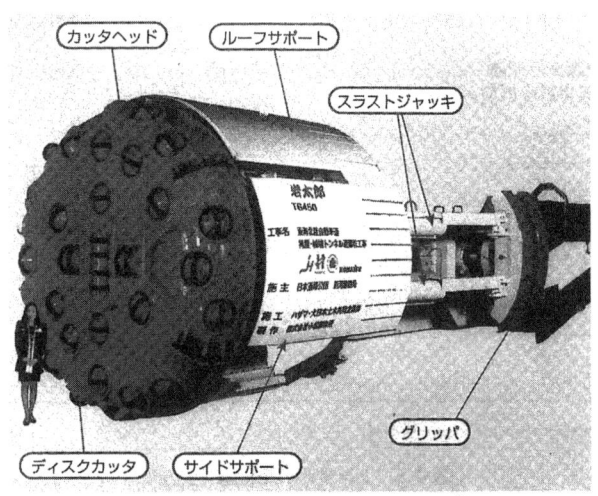

写真-4.3　TBMの外観と基本装置[3]

帯などの軟弱な地盤ではトラブルも多いが、硬質な岩盤では威力を発揮する。掘削方法は、グリッパを孔壁に押し付けて反力をとり、スラストジャッキでカッタヘッドを切羽に向かって押し、回転させてディスクカッタで岩盤を削っていく。ルーフサポート・サイドサポートは崩落の防護である。

4.2.2 掘削断面

　健全な地山でトンネル断面積がさほど大きくなければ全断面で掘削とされるが、大断面の場合には一般に断面内を分割して施工する。どの分割部分を先行させるかによって、上半先進、側壁導坑先進、底設導坑先進などの区別があり、地盤地質の状況から切羽の安定度合いによって選ばれる。第二東名高速道路の建設ではTBMを底設導坑先進に用いた例がある。これは、小断面で先に地盤地質を確認することと、大断面への拡幅時の掘削ずりや資材の運搬ルートとすることが目的である。

4.2.3 掘削ずりの処理

　掘削したずりの運搬は、タイヤ工法（ダンプトラック）またはレール工法（トロッコ）が一般的で、長尺ベルトコンベアの例もある。タイヤ工法は特別の設備がいらず、一般のダンプトラックで可能なので多用されているが、地盤地質が例えば新第三紀泥岩などで少しでも湧水があると、走行路が泥ねい化するためダンプの運行に支障があるほか、作業員の安全にも影響する。長尺ベルトコンベアは、ずり運搬場所が分離され坑内を整然とできて安全上も好ましいが、切羽からの掘削ずりが大きい場合にはベルトの幅の条件などから小割り（ベルト幅の1/5以下）する必要がある。小さい掘削ずりしか発生しないTBM工法では効率のよい運搬方法である。

4.3 山岳トンネルの地盤地質調査

　トンネル建設にかかわる技術者は地盤地質調査の報告書や地質図をどう読み取るかについて理解しておく必要がある。そのために地盤地質調査や、地盤地質の知識が必要である。
　山岳トンネルで実施する調査は、地表踏査・弾性波探査・ボーリングが一般的である。それぞれの方法には長所・短所があり、また限界があるのでその結果を過信してはならない。

4.3.1 地盤地質調査

　図-4.5に山岳トンネルの地盤地質調査の基本的なフローを示す。文献調査から始まり、状況に応じた調査方針のもとに弾性波探査やボーリングが実施される。この場合の調査はトンネルルート上に沿って実施される弾性波探査及び一定間隔でのボーリングが一般的である。この調査結果を受けて特殊な問題（湧水、膨張性地山、坑口の安定、浅い土被り、ガス、高熱など）があれば追加調査が実施される。調査結果はトンネル路線に沿った地盤地質を地山分類してまとめられ、設計および施工計画に反映される。

4.3.2 トンネルの地質図

　地質調査の結果作成された地質図（トンネルの場合路線方向の断面図が主、図-4.6参照）を見るときのポイントは、山岳地で被りが大きいという、調査時の状況を考えると、高精度を期待するのは難しいと考えてよい。また鉛直方向と水平方向との縮尺が異なっているのが一般的であり、その場合には図は実際の傾斜角と異なって図示されているので注意する。

　弾性波探査は、トンネルのように延長が長い場合にはボーリングなどに比べて合理的な調査方法のようであるが、その結果は実際とはなかなか合わないことが多い。これは 2.1.4 で述べたようにこの原理が断面図上の二次元で解析しているのに対し、実際の弾性波の伝播は三次元であることも一因である。したがって弾性波探査によって断面図に示された低速度帯の位置を、スケールで厳密に測るなどの行為は無意味である。ただし、弾性波探査の結果見つかった低速度帯を鉛直方向ではなく、傾斜させて表現している地質断面図の場合には地表踏査などで得られたデータを加味して推定している可能性があり、トンネルへの出現位置は不確かだが、地質構造の傾向は読み取れる。

　弾性波探査に比べればボーリングは信頼のおけるデータを提供するが、長いトンネルでは全長をカバーすることはできない。最近は坑口付近だけは水平ボーリングを実施する例が多くなった。トンネルの主体を占める深部については路線沿いに鉛直ボーリングが数十〜数百 m 間隔にあるのみで、これらの柱状図をつないで地質断面図にするにはかなり大胆な推定をしなければならない。地質図とは乏しい調査データを何とかつなぎ合わせて推定した成果物であることを理解しておかなければならない。

　地質図を見る時には、切羽が順次進行していく姿を想定し、新しい地盤地質や断面が切羽面のどこから出現する可能性があるか（図-4.13参照）が重要である。そのためには地

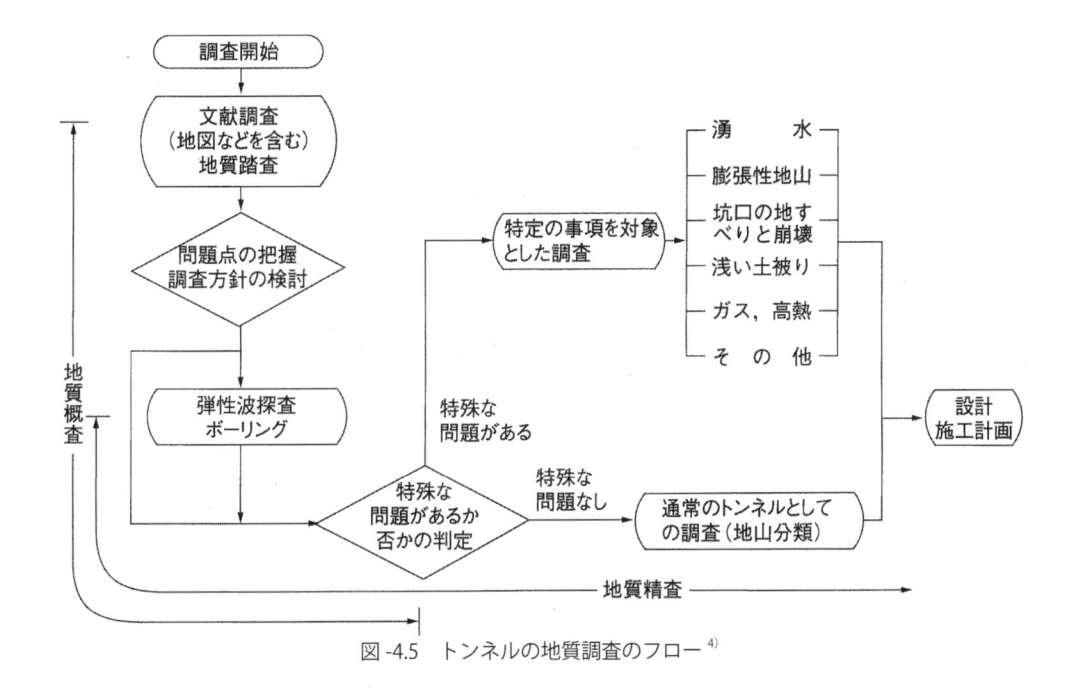

図-4.5　トンネルの地質調査のフロー[4]

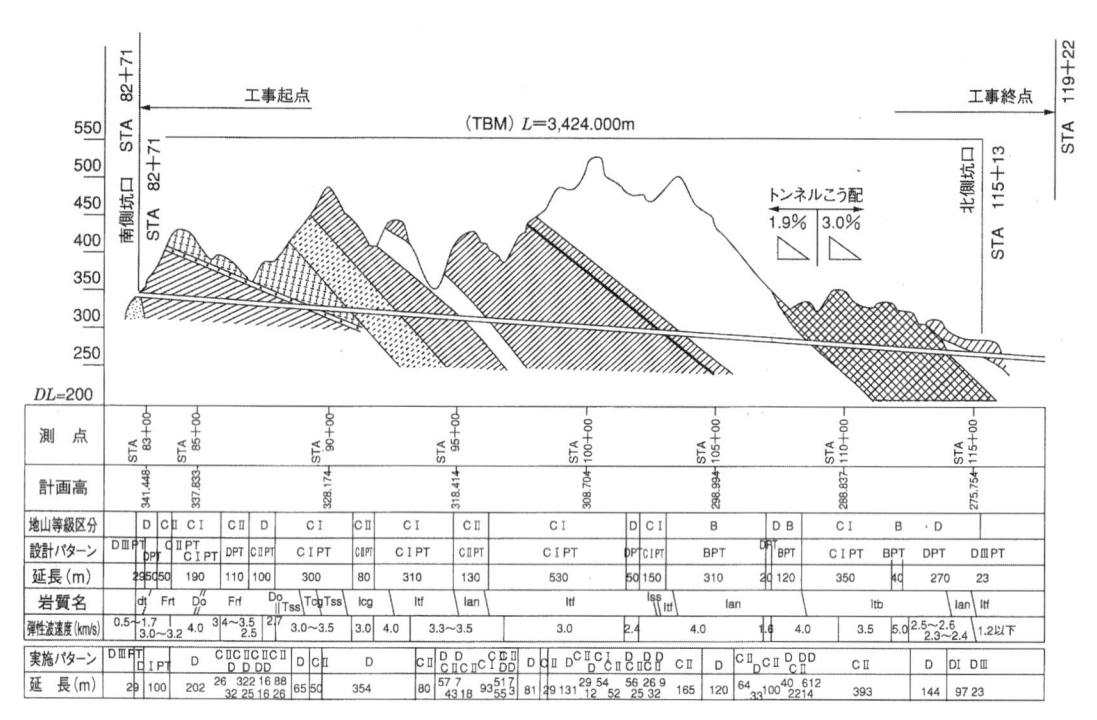

図-4.6 トンネル地質断面図例

質断面図（図-4.6）のみでなく、地質平面図と合わせて三次元的に考える必要がある。また岩石の種類からどのような問題意識を持つのかも必要である。

4.4 トンネルで問題となる地盤地質

4.4.1 岩種からの問題予測

トンネル建設予定地の岩種名から想起されるトンネル施工上の主な問題点には、次のものがある（表-1.9参照）。

　　花崗岩：深部まで風化しているマサの切羽不安定
　　ひん岩・花崗はん岩：湧水
　　安山岩・玄武岩：大塊ずり、余掘り
　　蛇紋岩：膨張、切羽不安定
　　古生代の石灰岩：空洞の存在
　　古第三紀の砂岩・頁岩互層：大量湧水、異方性不連続面（層理面）による切羽・アーチ部などの不安定
　　古第三紀の石炭：メタンガスの存在、炭鉱採掘跡の存在
　　新第三紀の砂岩：パイピングによる切羽不安定
　　熔結凝灰岩：大塊ずり、火薬量多、余掘り
　　結晶片岩：異方性不連続面（片理面）による切羽・アーチ部などの不安定

4.4.2 破砕帯と湧水

一般に破砕帯は、粘土からなる遮水ゾーンを挟む破砕領域（とくに上盤側）が滞水ゾーンとなっていることが多い（図-4.7）。これが突発的な大量湧水を引き起こす。湧水が大量でかつ長期に続くような場合には、図-4.8のように水抜き迂回坑を設けたり、水抜きボーリングを実施する。

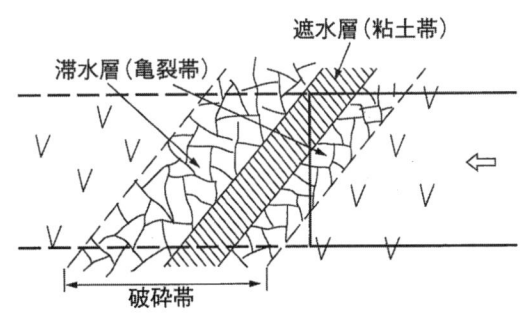

図-4.7 トンネルでの破砕帯

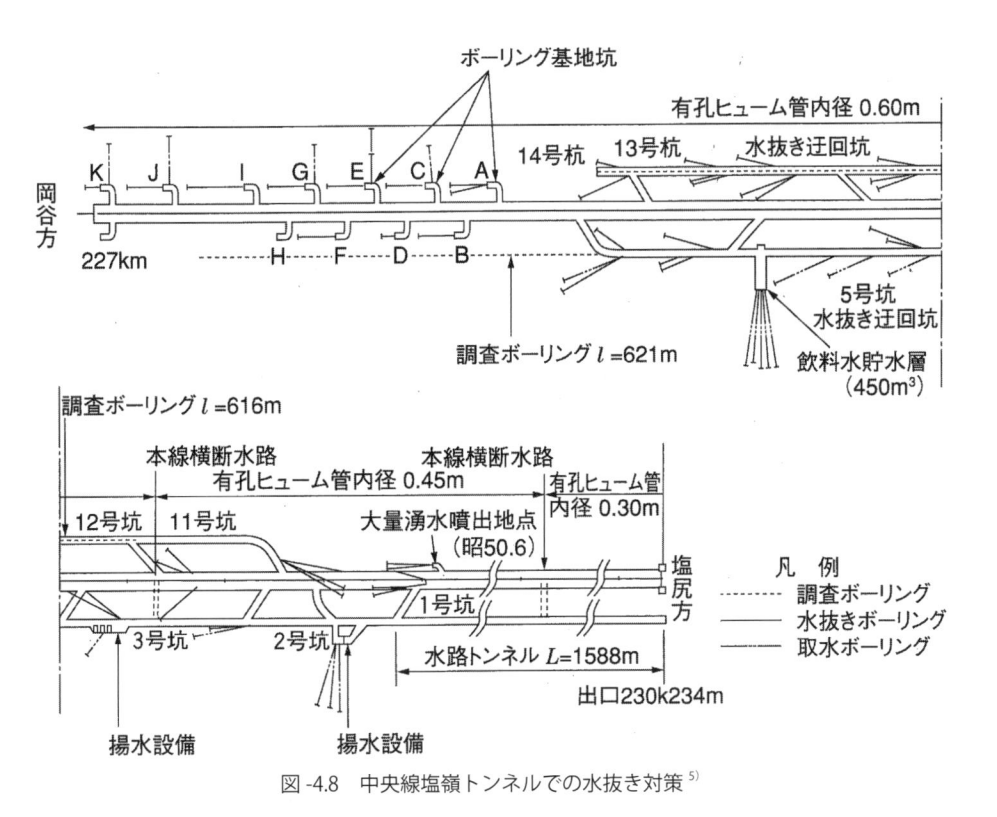

図-4.8 中央線塩嶺トンネルでの水抜き対策[5]

青函トンネルの海底部掘削では、破砕帯・湧水の有無にかかわらず、図-4.9のように切羽から予め薬液を注入して、注入範囲を重複させながら止水するという施工方法が採用された。これだけ慎重に施工しても途中で大湧水に遭遇し、施工の継続が危ぶまれたこともあった。

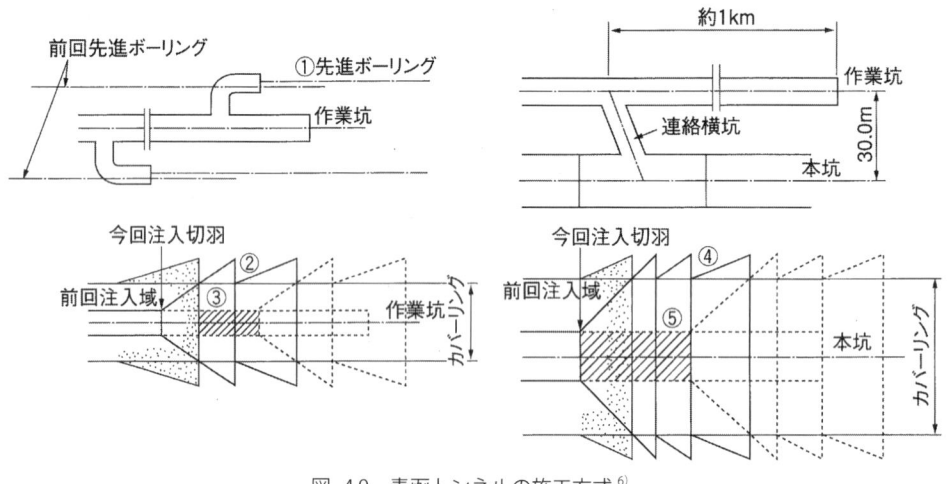

図-4.9 青函トンネルの施工方式[6]

4.4.3 割れ目の方向とトンネルの関係

トンネルは線状の細長い構造物であるため、断層や割れ目とどのように交差するか、断層や割れ目の傾斜はどの程度かということが安定に深く関わってくる。表-2.8に示したBieniawskiのRMR法というトンネルの地盤分類の中に「トンネル掘進における不連続面の走向・傾斜の影響」という項がある。Bieniawskiによればトンネル軸に垂直な走向をもつ不連続面で傾斜がトンネル進行方向と反対方向に20°～45°に傾斜している場合と、トンネル軸に平行な走向で傾斜が45°～90°の場合に不利とされている（図-4.10）。この図の（a）では切羽面が内空側にすべってくる形となり、（b）では掘削後に不連続面が傾斜している側のアーチ部から側壁にかけて崩壊が起こりやすい（図-4.11）。

断層の走向や傾斜がトンネル軸と低角度で交差する場合（平面・断面とも）には、その断層の影響が長く続くことになりトンネルによっては好ましいことではない。

またトンネル進行方向に傾斜する断層や地層境界は、上から出現してくることになり危険である（図-4.12）。断層や不連続面の走向・傾斜がどのような傾向にあるかがわかれば、切羽面のどこに最初に出現するかを予測することができ、安全施工に大きく寄与できる（図-4.13）。

4. トンネル・地下空洞と地盤地質   73

(a) トンネル軸に直交する走向で,進行方向
    と反対方向に20°〜45°傾斜（不利）

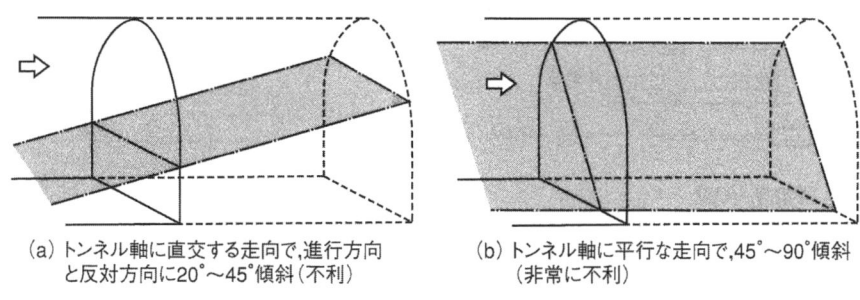

(b) トンネル軸に平行な走向で,45°〜90°傾斜
    （非常に不利）

図-4.10　Bieniawski が不利とする不連続面

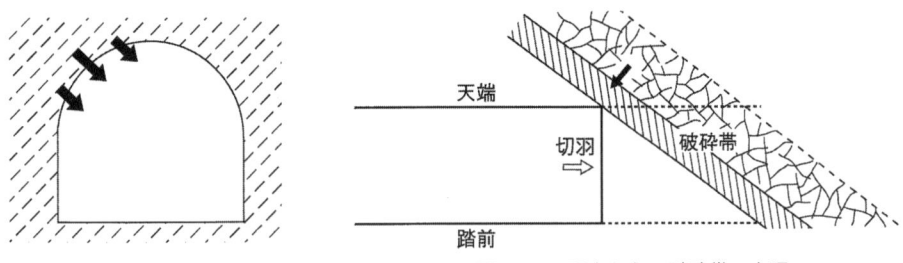

図-4.11　不連続面に起因する崩壊

図-4.12　頭上からの破砕帯の出現

平面図での走向	断面図での傾斜	切羽への出現
		左踏前から
		右踏前から
		左肩から
		右肩から
		頂部から
		踏前から

図-4.13　切羽出現位置の予測

4.4.4 前方予測

（1）シュミットネットからの出現傾向の予測

　断層や層理面などの傾向がシュミットネット（1.2.4 参照）に表現されていた場合、それらの切羽への現れ方を予測する例を以下に示す。図-4.14 から、断層の集中傾向は走向 N30°E、傾斜 60°SE であり、層理面の集中傾向は N60°E、傾斜 30°NW であるとする。ここに北の方向に掘進する水平な TBM トンネルを想定し、その切羽にこれらの断層と層理面とがどのような形で出現するかを検討する。

　まず北の方向に向かうトンネルとそれぞれの走向・傾斜が三次元的にどのようになるのかをイメージすることが必要である。この関係は図-4.15 のような形である。これより断層は切羽の左下部から出現してトンネル中心に寄ってくるようになり、層理面は切羽の左上部から出現してくる傾向であることがわかる。

　次に切羽で見える偽傾斜（1.2.5 参照）を算定する。

　断層の走向は N30°E、傾斜が 60°SE であるので真の傾斜方向は S60°E である。北進するトンネルの切羽面の方向は E－W なので両者の交差角（θ）は 30°となる。したがっ

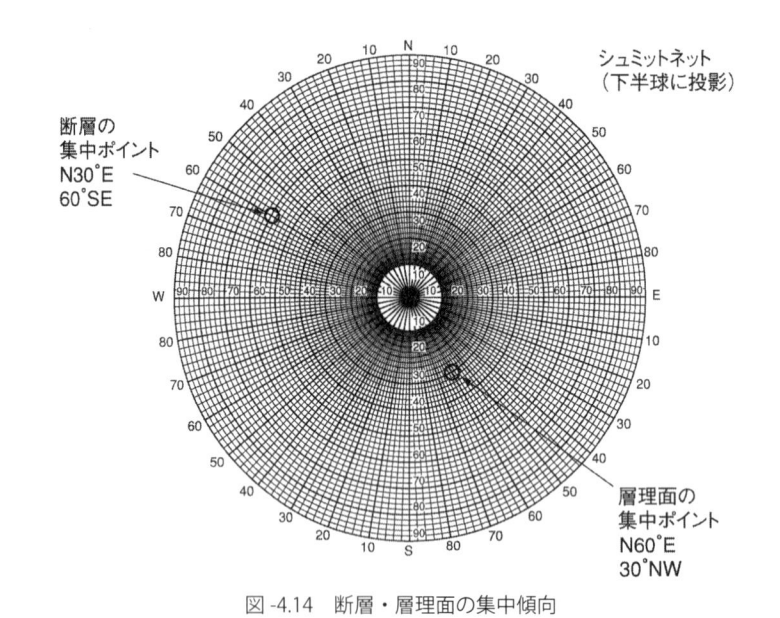

図-4.14　断層・層理面の集中傾向

図-4.15　三次元のイメージ
（a）平面　　（b）断面

てこの偽傾斜は次のように算定される。

$$\tan \delta' = \tan \delta \times \cos \theta$$
$$\tan \delta_f' = \tan 60° \times \cos 30°$$
$$\delta_f' = 56°$$

また層理面の走向N60°Eから交差角(θ)は60°となるので、層理面の切羽面に見える偽傾斜は次のようになる。

$$\tan \delta_b' = \tan 30° \times \cos 60°$$
$$\delta_b' = 16°$$

これを図示すれば、図-4.16のようになる。

(2) 出現しかけてきた時の予測

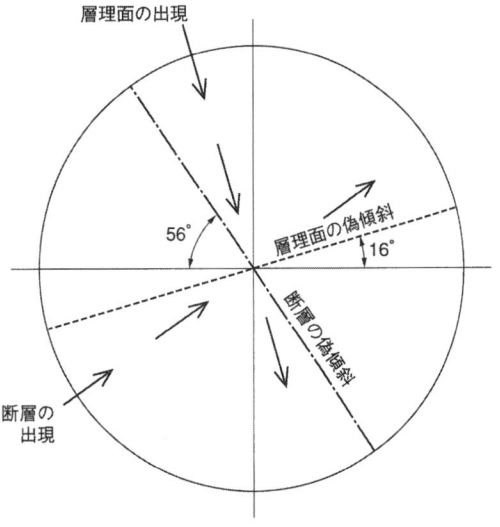

図-4.16 トンネル切羽での状況

それまでに掘削してきた状況から例えば断層の走向・傾斜の傾向がわかっていて、その断層が実際に切羽のどこかに出現しかけてきた場合、今後の掘削にどう展開していくかを予測する。

例題として次のような状況を設定してみる。幅3m、高さ3mの正方形断面でN45°Eの方向に進んでいるトンネルとする。断層の傾向は走向N20°E、傾斜30°SEが卓越していたものとし、坑口から100m地点の切羽において右肩の隅部に断層が出現しかけてきたものとする。

この状況からトンネル中心の平面図・縦断面図と、103・108・113m位置の横断面図を作成すると図-4.17のようになる。

この作図の要領は次の通りである。

i) 平面図

①N45°Eの方向に進んでいるトンネルであることからN方位を記入する。
②①のN方位を使って走向N20°Eを、切羽右端を通る形に引く。これはトンネル天端レベルでの走向線であることを理解する。
③②の天端レベルの走向線から傾斜30°SEでトンネル中心レベル（天端より1.5m下がり）の走向線を引く。②に平行で2.6m（1.5÷tan30°）離れとなる。

ii) 縦断面図

④②の走向線が平面図の中心線と交わる点（図のA）を縦断面図の天端レベルに下ろす。
⑤③の走向線が平面図の中心線と交わる点（図のB）を縦断面図の中心レベルに下ろす。
⑥④と⑤を直線で結ぶとこれが断層の展開となる。

iii) 横断面図

⑦平面図および縦断面図で103・108・113m位置と②③⑥で求めた直線との交点（図中のC～G）を各横断面図に投影し、作図する。

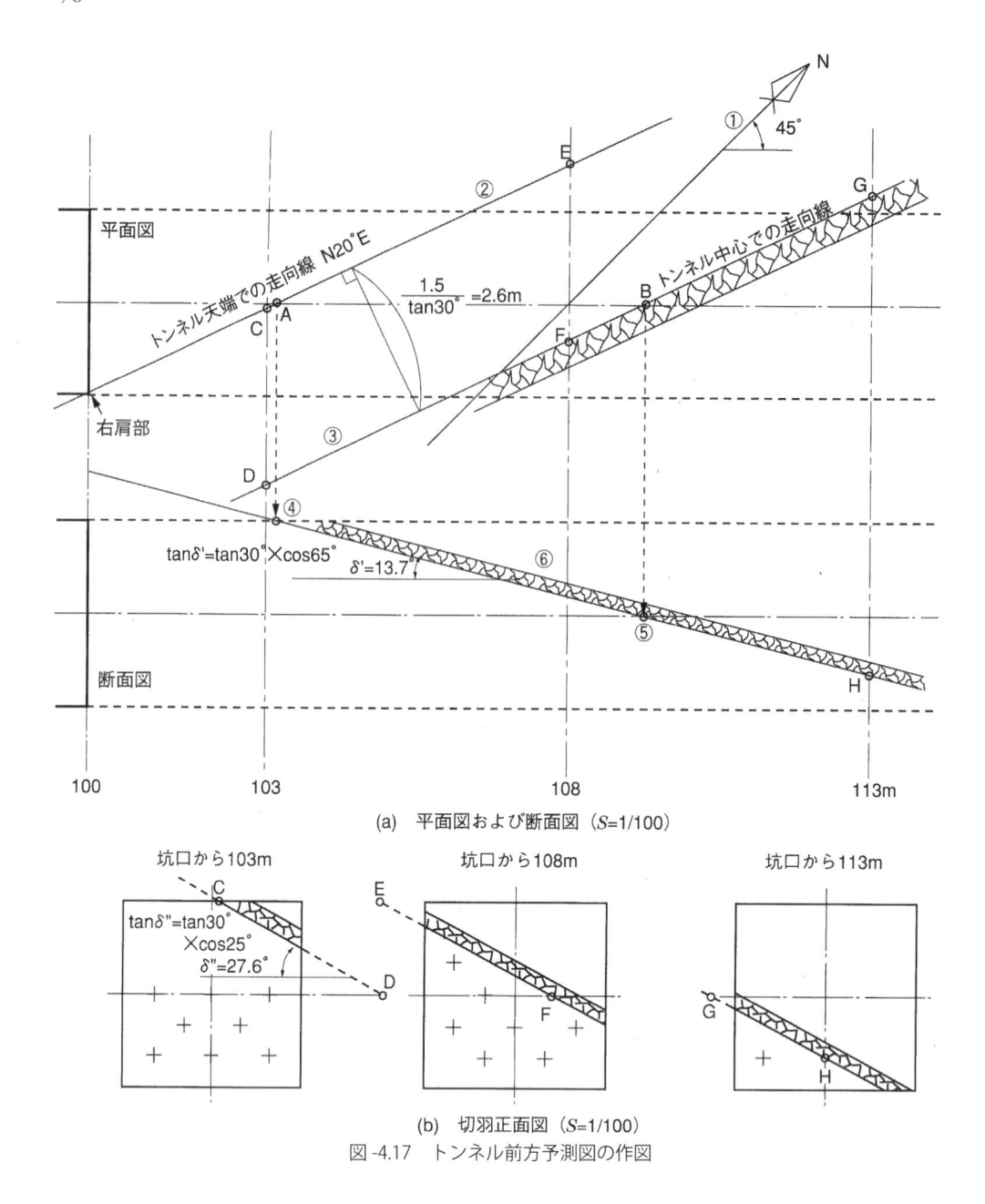

(a) 平面図および断面図 (S=1/100)

(b) 切羽正面図 (S=1/100)

図-4.17 トンネル前方予測図の作図

4.4.5 偏圧・地すべり

　トンネル横断方向で左右の地形が極端に異なる場合、トンネルが偏圧を受けてクラック・変形・崩壊などにつながることがある。この例はよく見られ、例えば図-4.18のように従来の明かりの道路からトンネルで短絡させようとする計画での坑口付近では大なり小なり偏圧を受ける形になる。偏圧を解消するためには、薄い方に盛土したり、杭で補強するなどの対策が採られる。

　また、図-4.19のように地すべり地内をトンネルが通過して、地すべりを引き起こした例もある。

(a) 平面図　　　　　(b) A－B断面図

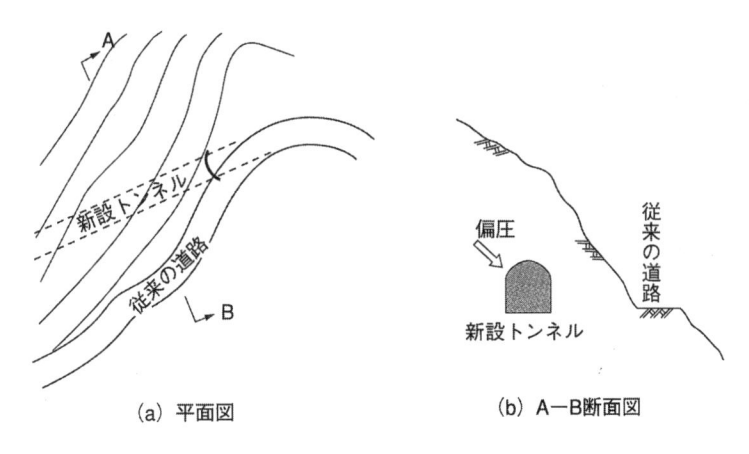

図-4.18　坑口の偏圧地形

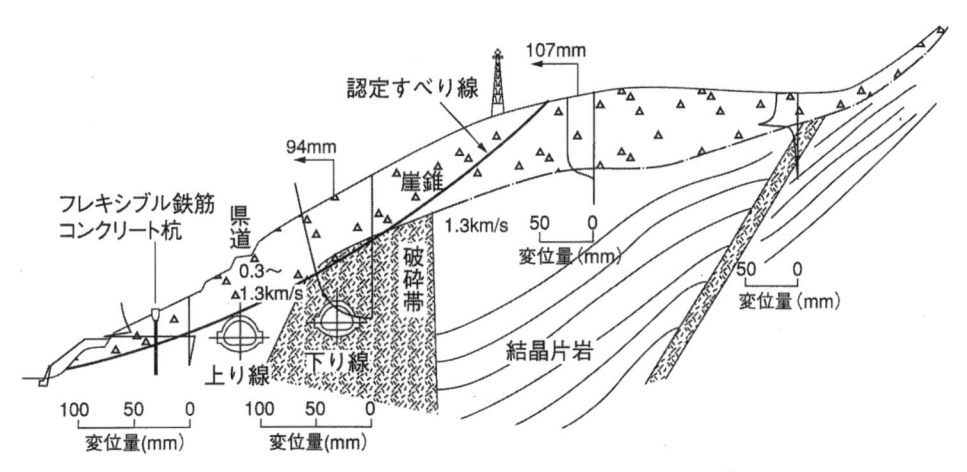

図-4.19　松山自動車道的之尾トンネルでの地すべり[7]

4.5 切羽観察と計測

4.5.1 切羽での地盤地質観察

施工現場では、表-4.1の例のようなフォーマットに、1発破ごとの切羽の地質状況を記録する。

4.5.2 地盤分類

トンネルでは地盤分類を地山分類と呼ぶことが多い。日本での地山分類は各機関が独自に定めているがいずれも類似した分類要素で4～5に区分している。また、ダムの地盤部類と比べて特徴的な点は、必ず弾性波速度が分類要素に入れられていることである。しかし前述したBieniawskiのRMR法（表-2.7参照）をはじめ海外のトンネル地盤分類には弾性波速度を分類要素とする例はあまり見られない。

地山分類は計画時および施工時に支保や覆工の構造のタイプを選定するのに使われる。トンネルの地山分類で使われる地山強度比は軟岩や土砂地山で土被りの小さいトンネル

表-4.1 切羽観察表[5]

トンネル名		距離程		記載者	
掘削年月日 上段	中断	下段		土かぶり	m
岩種		地山柱状に関する特記			

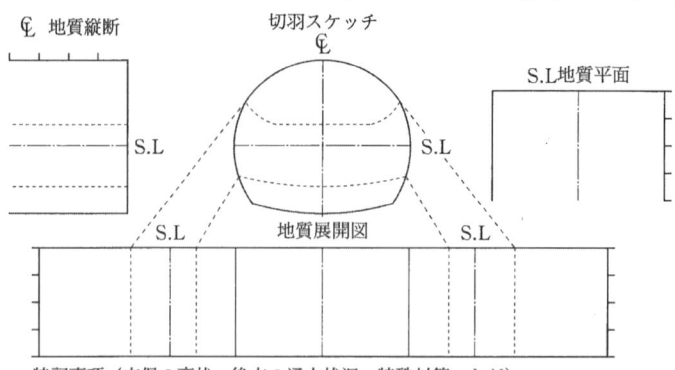

切羽スケッチ

ℂ 地質縦断　　　ℂ　　　　S.L 地質平面

S.L　地質展開図　S.L

特記事項（支保の変状，後方の湧水状況，特殊対策，など）

区　分		1	2	3	4	5
A	切羽での鏡の状態	安　定	鏡からときどき小石が落ちる	鏡から岩塊が抜ける	鏡が押し出してくる	自立せず流出する
B	切羽での天端，側壁の状態（在来工法における対応策）	自　立（普請不要）	時間がたつと緩む（後普請・かけ矢板）	自立が困難，掘削後早期に支保必要（先普請・送り矢板）	掘削に先行して山留め必要（縫地）	掘削と同時に著しい押出し（特殊な支保）
C	岩片の推定圧縮強度（σ_c）	ハンマーでたたくと高い金属音を発して強く反発する（$\sigma_c \geqq 100$MPa）	ハンマーでたたくとにぶい音を発して反発する（$100 > \sigma_c \geqq 20$MPa）	ハンマーでたたくとほとんど反発せず，容易にくだける（$20 > \sigma_c \geqq 5$MPa）	ハンマーでたたくとハンマーの先が食い込み，崩れる（$\sigma_c < 5$MPa）	手でにぎりつぶせる程度に軟質
D	風化変質の度合い	新　鮮	割れ目に沿ってやや変色，岩片内部は新鮮	割れ目も岩片内の微小亀裂も変色，強度低下	造岩鉱物や粒子も軟化し，強度著しく低下	土砂状，粘土状を呈する
E	割れ目の間隔（d）	$d \geqq 1$m	$1 > d \geqq 0.5$m	$0.5 > d \geqq 0.2$m	$0.2 > d \geqq 0.05$m	破砕帯　土砂状，粘土状
F	割れ目の開口性	密着している	部分的あるいはわずかに開口	開口している	割れ目に粘土を挟む	土砂状　粘土状
G	割れ目の形態	塊状	ランダム	柱状	板状，層状，片状	土砂状　粘土状
H	湧水の量，出かた	な　し	にじみ出る程度～滴水	少量連続して流れ落ちる	特定の割れ目，位置から集中的にかなりの量	切羽全面より大量の湧水
I	水による劣化	な　し	緩んで，岩塊が落ちる	割れ目の充てん物が洗い出される	膨潤する	全面的に崩れてくる
J 卓越する割れ目の方向性傾向	縦横方向（トンネル長手方向）	1 水　平（10°以下）	2 さし目（10～30°，60～80°）	3 さし目（30～60°）	4 流れ目（30～60°）	5 流れ目（10～30°，60～80°）　6 垂直（80°以上）
	横断方向（鏡面）	1 水　平（10°以下）	2 右から左へ（10～30°，60～80°）	3 右から左へ（30～60°）	4 左から右へ（30～60°）	5 左から右へ（10～30°，60～80°）　6 垂直（80°以上）
K	坑口湧水量		l/min	L 切羽での推定湧水量		l/min

での、土被り荷重と地山の強度との比で表す。

$$\text{地山強度比} = \sigma_c \div (\gamma \times H)$$

σ_c：地山の一軸圧縮強度（kN/m^2）

γ：地山の単位体積重量（kN/m^2）

H：土被り厚さ（m）

なお地山の一軸圧縮強度は不明なため、試料の一軸圧縮強度（q_u）を試料の弾性波速度（v_p）と地山の弾性波速度（V_p）との比から準岩盤強度（$\sigma_c{'}$）として次のように求め、代用することが多い。

$$\sigma_c{'} = (V_p / v_p)^2 \cdot q_u$$

4.5.3 坑内での調査

トンネル施工前に地表から実施する地質調査は、土被りが大きい場合などには精度が低く、施工中の調査が必要になることがある。その際の調査には切羽前方予知を目的とする場合と、掘削結果の判定を目的とする場合とがある。

切羽前方予知のためによく実施される方法はさぐりボーリングである。施工用のドリルを使って切羽から数m～数十m先を調査するのが一般的で、コアは取れないが削孔時の機械データから硬さをある程度評価できるとともに、地下水の分布箇所を把握できる。図-4.13の考えを考慮すれば、適切な箇所を選定することで効率的な調査を行うことが可能である。

また、もう少し先の前方を予知する技術として坑内弾性波探査がある。これは図-4.20のような測定原理で、前方の弾性波反射面（断層や硬軟境界など）の位置を二次元断面に表現する。この断面を水平と鉛直方向とで取れば三次元の展開が可能である。この原理を使っての方法は、起振・受振点の配置にいくつかあるが、図-4.20に示した方法は、掘削発破を起振源とするものである。こうすることによって、切羽作業を中断することなく、所定の成果が得られるよう、考案された方法である。

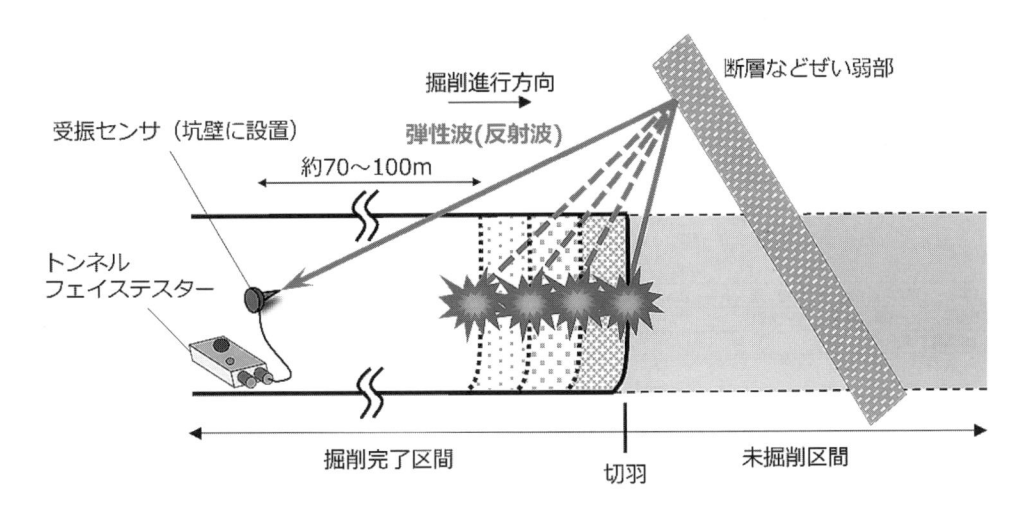

図-4.20　坑内弾性波探査[8]

4.5.4 坑内計測

トンネルで起こる変状を予め把握することは困難なことが多く、計測が重要な役割をもつ。トンネル坑内での計測には次のような方法がある。

内空変位：トンネル内空壁に設置する測点間の相対的な変位量
天端沈下：トンネル天端の沈下量
地中変位：トンネル周辺地山の変位量
ロックボルト軸力：ロックボルトにかかる軸力
吹付・支保工応力：吹付・支保工の応力

　計測結果は、図-4.21のような径時変化図や図-4.22のように区間変位図にまとめられ、以後の施工方法に反映される。

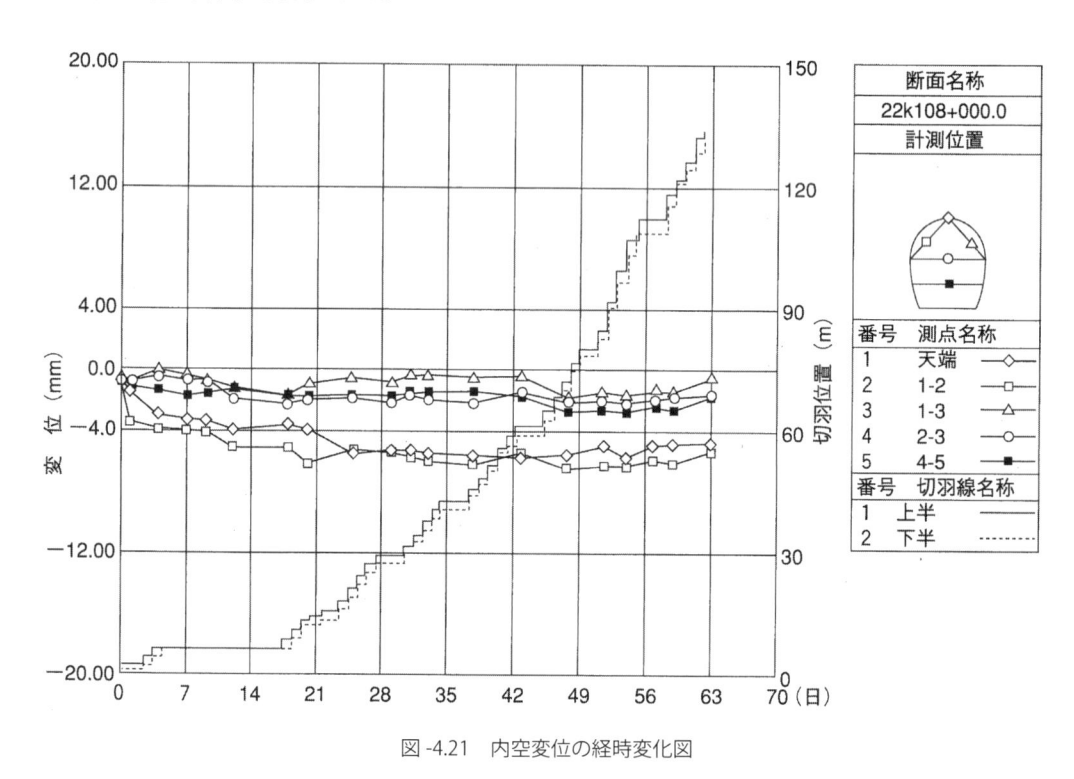

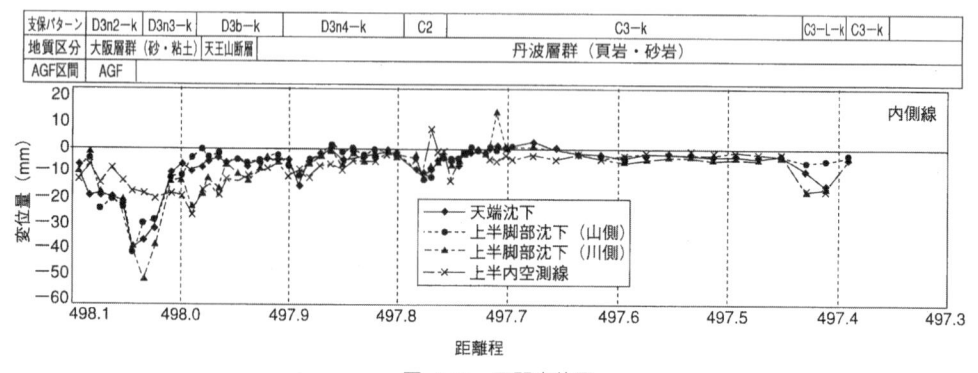

図-4.21　内空変位の経時変化図

図-4.22　区間変位図

4.6 青函トンネル

青函トンネルは図-4.23に示すように、全長53km850mでうち海底部分は23km300mである。当時の構想で新幹線が通行可能なように、最大勾配は12‰、カーブ最小半径は6500mとされた。新幹線の複線断面の本坑と、それから30m離れて平行する作業坑（現在は避難用トンネル）、陸側から海峡部に向かって上向いている先進導坑（現在は排水トンネル）のほか、斜坑・立坑・連絡坑などがある。海峡の最大水深は140mで、その最深部で被り100mを確保し、かつ上述の勾配・カーブとしたため、このような長大なトンネルとなった。

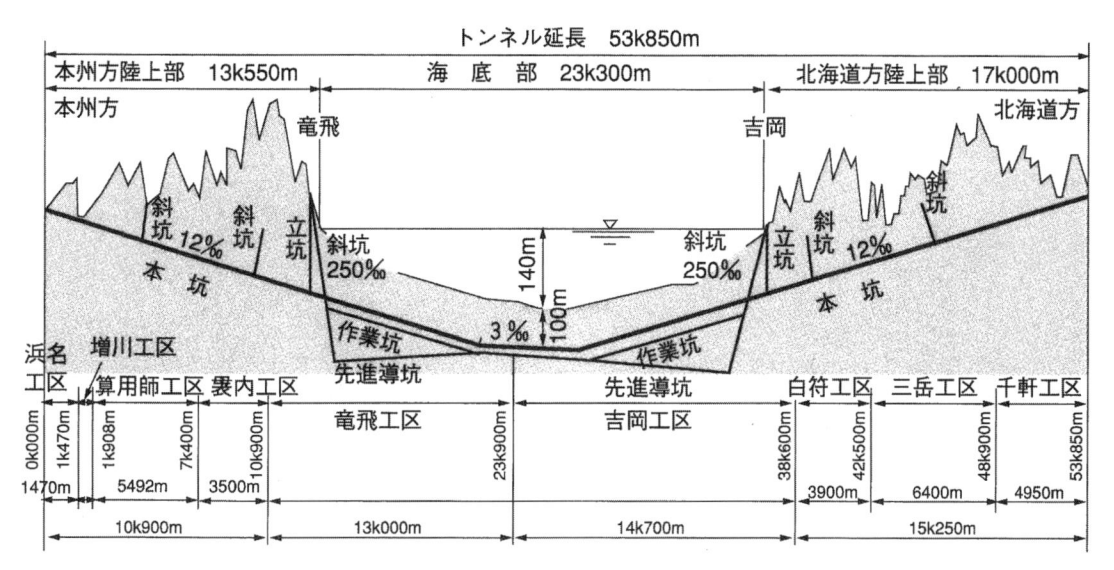

図-4.23 青函トンネル縦断図

北海道方・吉岡斜坑底付近の施工は、まず斜坑（250‰）が先進導坑位置まで下がり、そこにポンプ室が設けられ、海峡部中心に向かって地盤地質確認を主目的とする先進導坑が発進した。ついで斜坑途中から作業坑が陸向き・海向きに掘進され、作業坑の600〜1000mごとに連絡横坑で本坑位置に達し、本坑が施工された。作業坑は「先進ボーリング→注入→吹付コンクリート＋ロックボルト」の基本施工パターンによって掘削され、大断面の本坑に先進して地盤地質状況を確認することも重要な役割であった。本坑の掘削は基本的には側壁導坑先進上部半断面工法（4.2.2参照）であったが、破砕帯部では周壁導坑先進（スプリングサイロット）円形ショートベンチ工法が採用された。

吉岡工区の作業坑4588m切羽で1976年5月6日に遭遇したF10破砕帯は軟弱な膨張性地山で200tf/m^2（約2MPa）の強大地圧と瞬間最大70m^3/分の大量湧水となった。湧水はポンプ座・防水門扉を次々に破り、連絡坑から本坑にも流れ込み、本坑を約1500mにわたって水没させた。この締切には70日を要し、流出土砂は約1000m^{3}となっ

写真-4.2　青函トンネルの下半掘削

て、この区間 500m の施工に 4 年 6 か月もかかる難工事となった。

青函トンネルの施工で飛躍的に発展した技術に次のものがある。

- 先進ボーリング：孔曲がり修正技術と二重管リバース工法で最大 2150m
- 注入：高炉コロイドセメントと水ガラスによる LW グラウト
- 吹付コンクリート支保：ロックボルトと併用する NATM 工法

〔引用文献〕
1) 土木学会編：土木工学ハンドブック I 第四版、技報堂出版、1989
2) 藤城泰行：地下のエネルギー貯蔵、エネルギーレビュー Vol.6、No.3、1986
3) 日本トンネル技術協会：TBM ハンドブック、2000
4) 土木学会：トンネルの地質調査と岩盤計測、1985
5) 早川敏彦ほか：トンネルの地下水盆下のトンネル施工と水文調査、トンネルと地下 Vol.11、No.2、1980
6) 持田豊：青函トンネルの施工（9）、トンネルと地下 Vol.9、No.1、1978
7) 横山治郎ほか：中央構造線に沿う地すべり地帯を掘る、トンネルと地下 Vol.14、No.4、1983
8) 中谷匡志ほか：掘削発破を用いた切羽評価システムの開発と適用事例、平成 25 年土木学会論文集 F1（トンネル工学）特集号／トンネル工学報告集、2013

5. 都市土木と地盤地質

　都市土木という用語には確たる定義があるわけではないが、一般には都市部に分布する沖積層や洪積層からなる土砂地盤において実施される都市関連施設の建設工事を指すと考えられる。都市土木での土砂地盤に対する工事は、シールドトンネルと開削とがある。

5.1 シールドトンネルと地盤地質

　シールド工法とは、トンネル掘削に際しシールドと呼ばれる茶筒のような鋼製の殻を地中に推進させながらその中を掘削・排土する方法である。日本では旧国鉄の関門トンネルでの成功（1939年）が最初といわれる。この工法は都市部での地下鉄・洞道・上下水などのトンネル掘削の主力となっている。

　シールドトンネルの対象となるのは一般に洪積世や沖積世の未固結の土質地盤である。しかし最近地方での下水道整備工事の進展により、風化岩あるいは岩盤をも対象とせざるを得ない事例が増えており、山岳トンネルのTBM（トンネルボーリングマシン）との区別がなくなってきている。

　シールドトンネルにおける地盤地質は、基本的には「切羽の安定」「地表への影響（沈下・陥没・噴気など）」「有害空気（酸欠・メタンなど）の存在」が課題となるが、工法の種類によって課題が多少異なる。

5.1.1 シールド工法の種類

　シールド工法は、大別すると切羽を開放する型と密閉する型とに分けられる。開放型では地盤の掘削方法によって手掘式、半機械掘式、機械掘式などがあり、密閉型には切羽からの土圧・水圧とバランスさせる方法として泥水式、土圧式、泥土圧式などがある。また開放型で地下水圧に対抗する必要がある時には、圧気工法が用いられる。

　掘削ずりの坑内輸送方法にも違いがあり、開放型ではベルコンや鋼車（トロッコ）、密閉型は圧送ポンプでの流体状輸送が多い。

　これらの各工法は地盤の構成や地下水などの条件によって選定される。泥水式や泥土圧式が主流となっている。

5.1.2 開放型シールドの地盤地質

　開放型シールドは、切羽が露出しているので当然ながらその安定が絶対条件となる。トンネル位置が地下水位以下の場合には圧気によってその水圧とバランスさせる方法がある。1990年2月の東北新幹線御徒町トンネルでの噴発事故以来、大断面トンネルでは圧

気工法は敬遠されることが多い。圧気工法はこのほか、坑内外の酸欠空気対策も必要である。圧気工法で問題がある場合には、地下水位低下工法、薬液注入工法、凍結工法などの補助工法が採られる。

5.1.3 密閉型シールドの地盤地質

　切羽が自立しない軟弱な地盤地質や高水圧下にある砂層、砂礫層などでは密閉型シールドが一般的である。密閉型の場合、地山を直接観察できないので掘削マシンの推力・回転数などの各種数値データや、後方に排出される掘削ずりの種類や量などによって切羽の地盤地質の状況を推定することになる。

　密閉型シールドの施工上問題となる地盤地質には次のようなものがある。

(1) 軟弱な粘性土地盤

　粘性土の自然含水比が液性限界以上であると、乱した場合に流動状態になりやすく、切羽でのずり取込量が過大となって地表沈下や陥没をきたすことがある。

　液性限界とは一般に土が塑性状態（吸着水はあるが土の性質）から、土粒子が水の中に離散して相互の結合がなくなる液性状態に移るときの含水比をいい、パーセントで示す。自然含水比が液性限界以上である場合、少しの衝撃で液体状になりやすい。

(2) 均等係数が小さい砂層

　構成する砂の粒径分布で均等係数が小さい場合、掘削による少しの衝撃でも流砂状態になりやすく、切羽でのずり取込量が過大となって地表沈下や陥没をきたすことがある。

　均等係数（U_c）とは土粒子の粒度分布を示す粒径加積曲線において通過質量百分率が60％に相当する粒径（D_{60}）と10％の粒径（D_{10}）の比により、$U_c = D_{60} / D_{10}$ で定義される。この値が大きい場合には粒径の分布が広く「粒度分布が良い」とされるが、1に近い値のときにはある特定の粒径の粒子が卓越していることを示し、「粒度分布が悪い」といわれる。

(3) 不透水層中のレンズ状の滞水層

　レンズ状の滞水層中の地下水は被圧されていることが多く、切羽での圧力バランスを適切に保つことが重要である。とくに大断面の場合上下の圧力差に注意が必要である。

(4) 硬軟層の境界

　硬・軟層の境界を通過する場合、シールド機が軟らかい地層のほうに逃げる傾向となるため、姿勢制御に注意を要する。

(5) 膨潤性岩石の存在

　シールドが対象とする地盤が地方の山間地や大深度になるといわゆる岩盤となることがある。それが表-1.9での施工上の問題点として「膨潤性・スレーキング性を有する」に「●可能性大」が付く岩石が存在する場合、その吸水膨張と機械こねまわしによって、泥水の

粘性が非常に高くなり、ズリ搬出が困難となることがある[1]。

(6) 有害ガスのある地盤

地盤形成時に取り込まれた有機物を起源とするメタンガスが存在することがあり、施工中に火災や爆発を起こすことがある。図-5.1 は 1993 年 2 月に東京都江東区のシールドで発生したメタンガス爆発現場の地質断面図である。この事故の原因は下部有楽町粘性土層の下にあった埋没段丘礫層からガスが坑内に流入したためである。

また、地下水が枯渇した砂礫層などでは酸欠空気が問題となることがある。

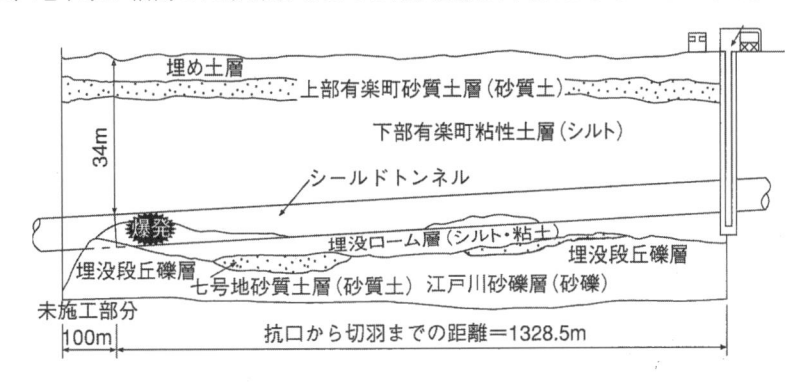

図-5.1 メタンガス爆発現場の地質断面図[2]

5.1.4 アクアライン

東京湾横断道路（アクアライン）は、神奈川県川崎市と千葉県木更津市を結ぶ延長 15.1km の自動車専用道路で、うち川崎市浮島から川崎人工島を経て木更津人工島に至る 9.5km が海底下トンネルである（図-5.2）。1989 年 5 月にまず人工島が着工され、1997 年 4 月にトンネルが貫通した。

写真-5.1 シールドトンネル（アクアライン）

(a) 平面図

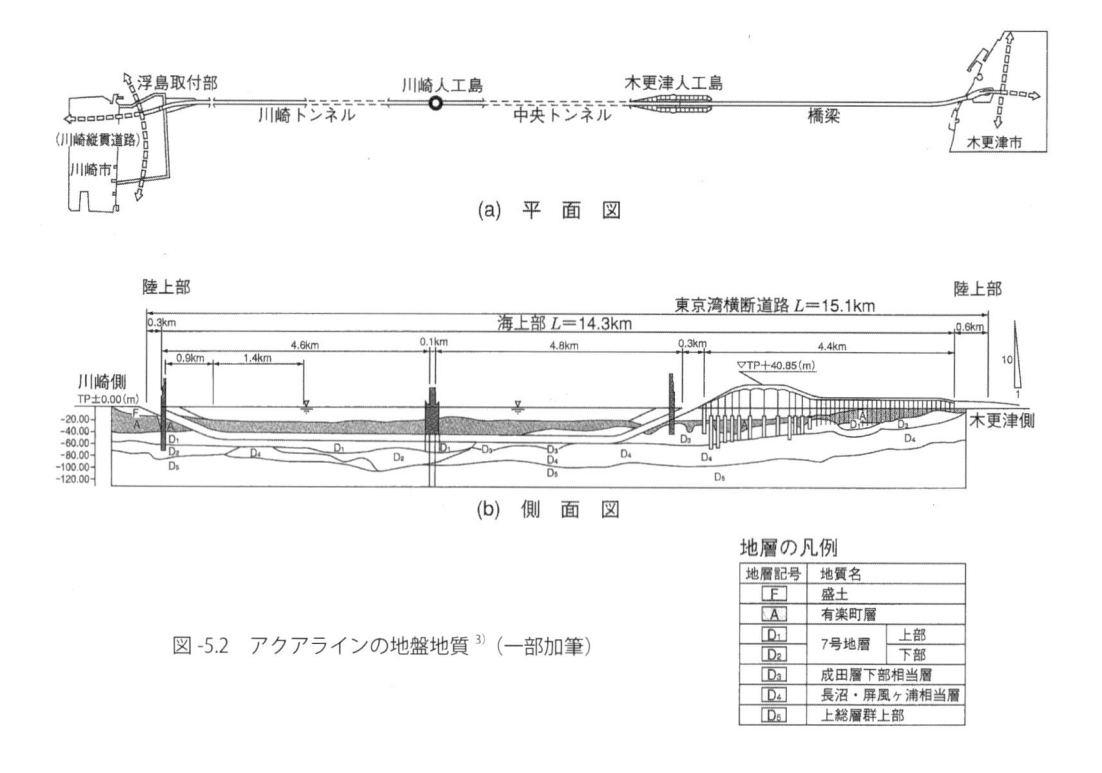

(b) 側面図

図-5.2 アクアラインの地盤地質 [3]（一部加筆）

地層記号	地質名	
F	盛土	
A	有楽町層	
D₁	7号地層	上部
		下部
D₃	成田層下部相当層	
D₄	長沼・屏風ヶ浦相当層	
D₅	上総層群上部	

　トンネルの地盤地質は、最大水深28mの海底下に有楽町層と呼ばれる層厚20〜30mの軟弱な沖積粘性土層が堆積し、その下に上総層群成田層と呼ばれる洪積世の基盤がある。この周辺の成田層はN値70以上の砂質地盤である。トンネルはこの両者の境界付近をシールドで掘進した。

　アクアラインのトンネル部は上下線2本のトンネルが中心間隔28mで平行に配置され、シールドの掘削径は約14mである。シールド機は川崎浮島取付部から川崎人工島に向かっての2基と逆に川崎人工島から川崎浮島取付部に向かう2基、川崎人工島から木更津人工島への2基、木更津人工島から川崎人工島への2基の合わせて8本のトンネルに分けて施工された。両側から進んできた各シールドの最後の接合部では凍結工法が採用された。

5.2 開削工事と地盤地質

　地下構造物を構築するために地表から深さ方向へ土留をしながら掘削する工事を開削工事という。土質地盤での開削工事における土留の方法は、周辺地盤が内空側に押し出してくることを防ぐ土留壁と、土留壁にかかってくる土圧・水圧などに抵抗するための構造物との組合せからなる。土圧・水圧に抵抗する構造物としては、切梁工法とグラウンドアンカー工法が一般である（図-5.3）。

　土質地盤での開削工事における問題には、地下水の分布が大きくかかわることが多く、またその地下水の分布は地盤地質条件に従う。

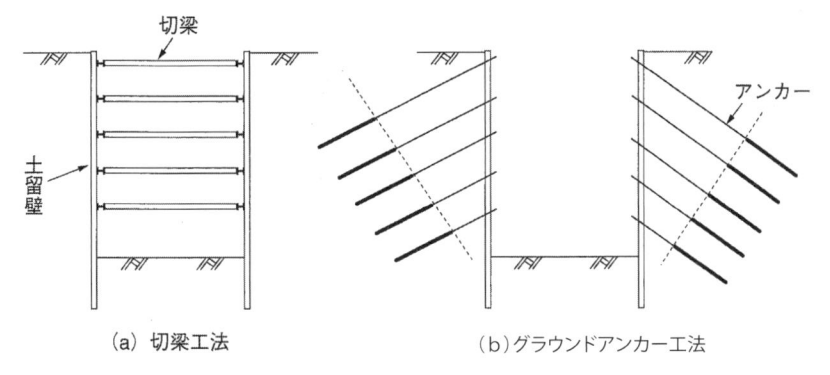

図-5.3　開削工事の土留め

(1) 掘削底面の盤ぶくれ

　市街地における開削工事では、周辺の地下水位低下やそれに伴う地盤沈下などを避けるために土留壁は遮水性のものとされる。その場合地下水は土留壁の下方に回り込もうとするので、土留壁は不透水層に届かせて掘削面への水の進入を防ぐのが、一般的な方法である。しかし掘削底面と被圧地下水のある透水層との間に充分な厚さ（重さ）がないと、揚水圧に負けて掘削底面がふくれ上がる盤ぶくれを生じる。このほか破壊現象には、ヒービング（土留壁の下から背面土砂がまわり込む）、ボイリング（掘削底面からの上向きの水流によって土砂がかくはんされる）、パイピング（地盤中にパイプ状の水みちができて土砂とともに流出）などがある。

　図-2.14に示したが、もし掘削底面から被圧地下水のある透水層をつなぐボーリング孔が無処理のまま残されていると、例え不透水層に十分な厚さ（重さ）があったとしても水が噴出して大きな事故となることがある。

(2) 土留壁の欠陥による漏水

　土留壁のうち、コンクリートや泥水固化によって遮水壁を施工する方法の場合、地下水の流動によって固化剤が流出してしまい、部分的に遮水機能に欠陥を生じることがある。とくに硬い粘土地盤では要注意で、土留壁構築時の施工管理が重要である。

(3) グラウンドアンカー工法での噴砂

　グラウンドアンカー工法による土留は遮水壁に孔をあけるため、背面地盤が砂層でかつ地下水が高い場合その孔から砂が噴出することがあり、地表の陥没に至る事故となる。アンカー施工時に薬液注入機を配置しておいて、噴砂を最小限に抑制するような方法が必要となる。

(4) 揚圧力による構造物の浮き上がり

　地下配水池などのように密閉された箱型の構造物は、地下水による揚圧力が働くと浮き上がることが考えられる。対応策としては構造物の重量を確保するのが一般的であるが、

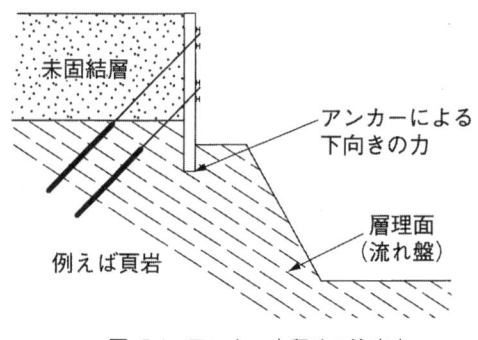

図-5.4 アンカー土留めの注意点

下向きのアンカーに頼ることもある。
　東京や上野の地下駅は建設直後には地下水が低く問題はなかったが、その後の地下水汲み上げ規制によって地下水位が上がってきたため揚圧力による浮き上がりが問題となり、重りの導入やアンカーによる対応策がとられている。

(5) 流れ盤とグラウンドアンカー

　掘削の途中で地表近くの土砂地盤から岩盤に変化する場合、土留壁は岩盤に到達して少しの根入れでとめ、それより下は法面とすることがある。土留工法が切梁工法の場合には土留壁背面の土圧・水圧に関する検討がなされていれば問題はないが、図-5.4に示すような形でグラウンドアンカー工法による場合には背面の土圧・水圧の検討のほかに岩盤法面の安定も検討する必要がある。アンカーは斜め下向きに打設するので、その緊張による下向きの力が土留壁を介して岩盤のすべりに関与することがある。とくに岩盤の不連続面が流れ盤の形態をもつときには要注意である。

〔引用文献〕
1) 山本浩之ほか：シールドトンネル施工における福岡層群頁岩の膨張特性、日本応用地質学会年次講演会、2012
2) 日経コンストラクション編：建設事故、日経BP社、2000
3) 熊谷組・間組・日本国土開発共同企業体：東京湾横断道路川崎トンネル浮島北工事パンフレット

6. 基礎と地盤地質

　橋梁や鉄塔などの基礎となる地盤では、構造物自体および供用時の作用荷重に対する支持力と変形が課題となる。橋梁・鉄塔の立地箇所は大きく分けて、山岳部と都市部がある。当然ながらその地形および地盤地質には大きな違いがあり、問題点も異なる。

　山岳部での橋梁は一般に山腹および河床付近が、また鉄塔は一般に尾根部が基礎地盤となり、地盤地質は岩盤あるいはその風化したものや、砂礫層となる。本四架橋のほとんども、基礎の地盤は岩盤かその風化帯である。

　都市部の大型橋梁や鉄塔では、一般に表層付近は軟弱な沖積層で支持力が期待できないため、杭などを用いてその下位の洪積世より古い年代の地盤に基礎地盤を求めることが多い。

写真-6.1　山岳橋梁の建設

6.1 橋梁基礎の地盤地質

6.1.1 山岳橋梁

　山岳橋梁では、上部の荷重を地盤に伝達するための基礎構造物として、直接基礎・杭基礎・深礎基礎などが使われる。一般的には地表を覆っている崖錐堆積物や砂礫層あるいは

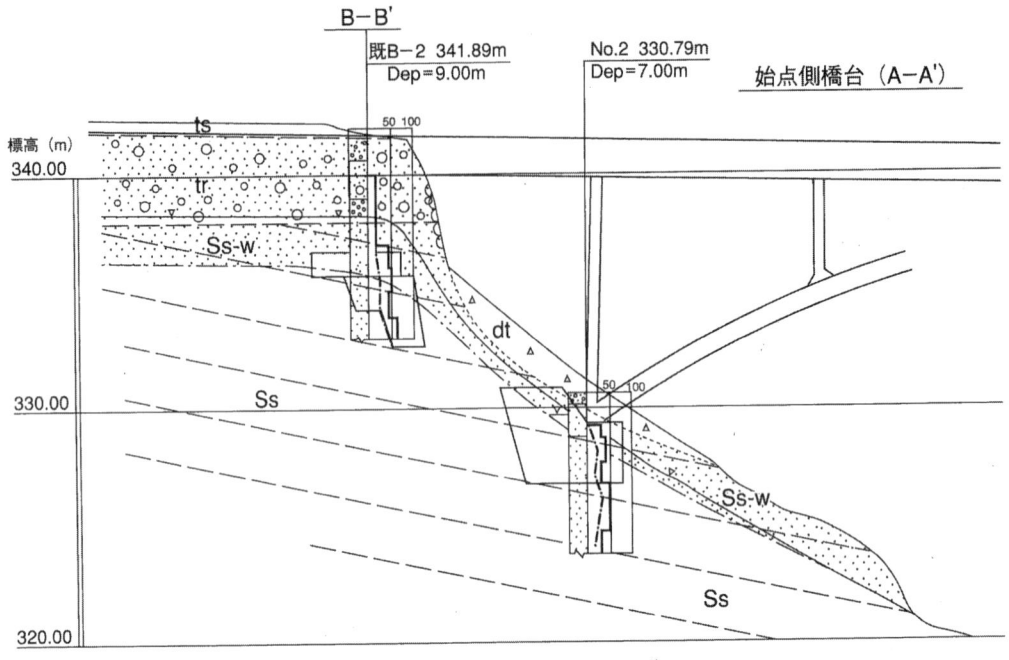

図-6.1 山岳橋梁の地盤地質と基礎[1]

基盤の風化帯を避けて、その下位の岩盤に基礎地盤を求める（図-6.1）。

橋梁の基礎ということで、どうしても支持力に視点がいきがちであるが、地すべりや斜面崩壊などにも配慮しておかなければならない。

6.1.2 都市部橋梁

都市部橋梁では一般に表層付近に軟弱な沖積層があり、基礎地盤とするには不向きなことが多い。ただし沖積層であっても十分な厚さを有する砂礫層であれば基礎地盤になり得る。

6.2 鉄塔基礎の地盤地質

山岳部の高圧線鉄塔は、尾根上あるいは山腹に設置されることが多い。そのような箇所は一般に岩盤であるが、風化帯が存在するのでその見極めがポイントとなる。また山岳橋梁の基礎の場合と同じく、地すべりや斜面崩壊などにも配慮しておかなければならない。

高圧線鉄塔の場合一般に4個の基礎があるが、この構造物の特徴としてそれぞれの基礎が電線の引張りによる上向きの力への抵抗も求められることにある（図-6.2）。こ

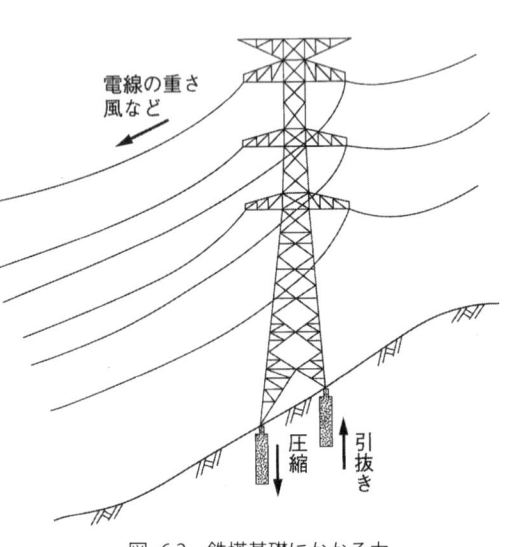

図-6.2 鉄塔基礎にかかる力

の上向きの力に対し、一般には基礎コンクリートの重量に期待するが、例えばグラウンドアンカーなどで地盤に抵抗力を求める構造とすることもある。

6.3 タンク基礎の地盤地質

石油、ガス、LPG、LNG などの燃料を貯蔵するタンクは、その物流上の理由から港湾施設周辺に建設されることが多く、浚渫土による埋立地盤であることが多い。このような地盤では地震の際の液状化がポイントとなる。

過去の液状化事例では、埋立地や砂丘間低地に生じているといわれ、また一度液状化した地盤は再び発生しやすいとされている。液状化しやすい地盤地質とは、地下水位以下にある緩く均等係数の小さい砂層と考えてよい。

液状化防止対策として薬液などによる注入工法があるが、タンク基礎に限らずその注入圧によって周辺の構造物に変形を及ぼす可能性がある。それを防ぐため超多点注入工法[2]がある。これは結束細管により地盤中の複数のステップに対し、同時に低速・低圧で、浸透性のよい恒久グラウトを注入する工法である。変位を抑制しながら恒久的な均質な地盤を造成する効果がある。

6.4 本四・瀬戸大橋の橋台

本州四国連絡橋の児島・坂出ルートの瀬戸大橋はわが国初の鉄道・道路併用橋で 1978 年に着工し、1988 年に開通した。

瀬戸大橋は吊り橋、トラス橋や陸上部高架橋などからなり延長 13.1km である。その中

写真-6.2 本四・瀬戸大橋の橋台

の南備讃瀬戸大橋は中央径間1100mの吊り橋で、これを支えるケーブルを固定する橋台（7A）は、幅59m、高さ125.5mと霞が関ビルとほぼ同じ体積の巨大なコンクリートブロックである（写真-6.2）。当然ながらその基礎には十分な強度・低変形性と、位置の精度が求められた。

この橋台の施工は、まず海底の土砂や軟岩を除去する基礎掘削から始められた。橋台底面および周辺の6290m^2、深さ49.5mの海底面に1632本の発破孔があけられ、32回に分けて実施された海底発破により岩盤がほぐされた。この後グラブ浚渫船で約60万m^{3}の海底掘削をし、海底面の仕上げに移った。橋台の底面5120m^{2}の範囲は、測深機と水中ビデオカメラで確認しながら大口径（2.5m）掘削機によって10cm以内の精度で仕上げられた。この仕上げ作業だけでも約1年を要している。

現地での掘削作業と併行して、岡山県玉野市の造船所で鋼製ケーソン（水上運搬が可能なようにした函）が約1年かけて組み立てられ、1982年3月に10隻のタグボートに曳航されて工事海域に到着した。このケーソンは幅59m、長さ75m、高さ55mで重量が2万トンという巨大なものであった。

このケーソン内に注水してマイナス47mまで沈め、その後3000トンクレーン船で所定の精度に着底させた。根固めモルタルで固定後ケーソン内部にコンクリートを打設した。打設方法は大径粗骨材を投入後、そこにモルタル11万m^{3}を注入した。1983年5月には水中部打設を終えて、気中コンクリート打設を開始し、1985年3月に19万m^{3}の打設を終了した。

〔引用文献〕
1）日本応用地質学会：土木地質図作成マニュアル、日本応用地質学会、1999
2）（社）日本グラウト協会：耐久グラウト注入工法施工指針、平成24年3月

7．法面と地盤地質

　法面とは、人工的に盛土や掘削した結果生じる整形された斜面をいう。自然状態にあるものや整形されていないものは斜面とする。

　法面はそれをつくることが目的ではなく、構造物を構築するために必要なスペースを確保するときの産物である。したがって地盤調査に際しては本命の構造物のほうに主眼が置かれて、法面の調査は軽んじられることがある。しかしこの法面に崩壊が発生したりすれば、上部・下部を問わず構造物は被害を受け、場合によっては人命にもかかわる。

　近年大規模な法面の形成が増えているのには、以下のような時代背景がある。
①道路建設、宅地開発などが山間部に向かって伸びていること
②新幹線や高速道路が比較的平坦な場所を通った列島縦断の時代から、横断の時代となり
　山岳を対象とするケースが増えてきたこと
③環境保護や用地などの条件が優先されるようになり、地盤地質上有利な場所を選んだり、
　十分安定な勾配を採用出来なくなったこと
④施工機械の大型化により大規模で急激な地形改変がなされるようになったこと

　とくに切土法面は、「掘削してみなければその安定・不安定はわからず、多少懸念があっ

写真-7.1　大規模法面の空中写真

てもまず掘削してみて、もし崩壊が発生したらそこで対策を考える」という風潮がある。しかし、その社会的影響や人命の尊重を忘れてはならず、その設計・施工・維持管理は、慎重になされるべきである。

7.1 法面の形態

法面各部の名称は、一般に図-7.1の通りである。

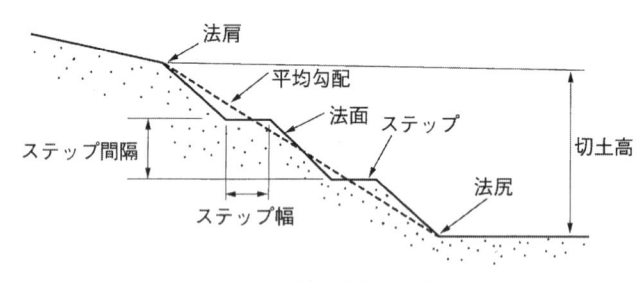

図-7.1 法面各部の名称

法面の勾配は、建築工事では水平面からの角度で示していることが多いが、土木工事では一般に図-7.2のように縦に対する横の比で示す。1：1.0（1割という）は45度である。勾配に対する身体感覚としては、その法面を上ろうとするときには1：1.0程度がその気になる限界であり、1：1.8であれば手を使わず直立できる。また下ろうとするときには1：1.0では恐く、1：1.2ならその気になれる。1：0.5より急な法面を上から見ると直立壁のように感じる。

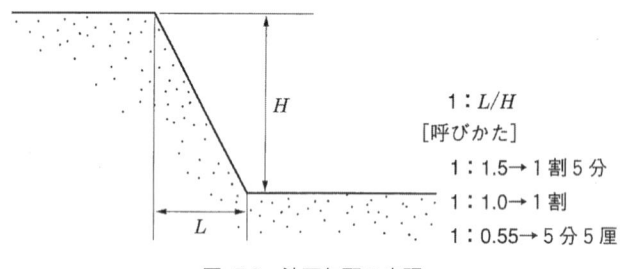

図-7.2 法面勾配の表現

法面の設計が決まった場合、それを地形図に作図する。例えば図-7.3の地形図で所定の位置に標高100 mのヤードを確保するための切土法面の設計が表-7.1のようになったとすれば、図中に示したように作図する。

表-7.1 法面設計例

	法面勾配	ステップ間隔	ステップ幅
東向き法面	1：1.2	10 m	2 m
南向き法面	1：0.8	10 m	3 m
西向き法面	1：1.0	10 m	2 m

作図の要領は次の通りである。
①法尻は決まっているので、その線に平行で各勾配で10 m上がった位置（標高110 m）の等高線を引く。1：1.2なら間隔は12 m、1：0.8は8 m、1：1.0は10 m離れとなる。
②①の線に平行にステップ幅で線を引く。

図-7.3　法面作図例

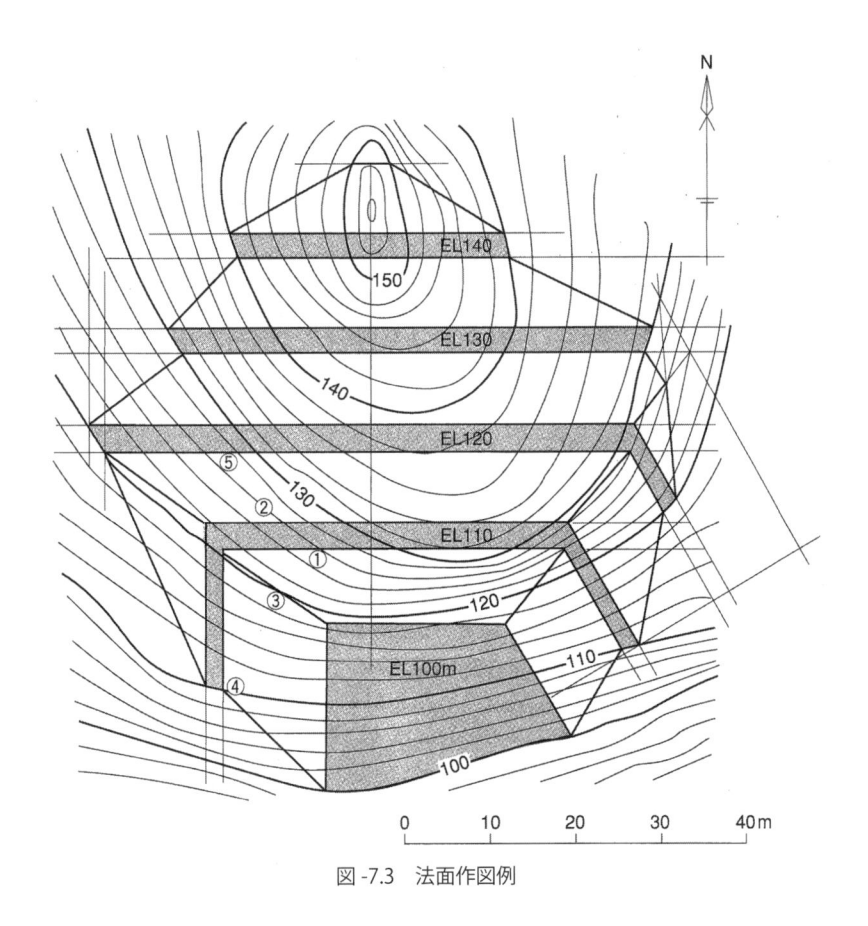

③①および②の線が隣接法面と交わる点と法尻（標高 100 m）のコーナーとを結ぶ。
④①および②の線は標高 110 m であり、地形図の標高 110 m 等高線との交点をマーキングする。
⑤上と同じ要領で次の標高 120 m、130 m、140 m と上っていく。
⑥図中の東向き法面は標高 120 m で終わりとなり、南向き法面と西向き法面が交わる上部は原理を理解して少し考える必要がある。
⑦南向き法面の最上部は、①のような高さ 10 m ピッチで考えるのではなく、地形等高線と同じ 2 m ピッチで考えれば作図できる。

7.2 盛土法面の地盤地質

　盛土法面の安定は、その基礎地盤に関する問題と盛土材料そのものの問題とに分けられ、そのいずれにおいても水（地下水、浸透水、流下水など）とのかかわりが重要である。具体的には表-7.2 のような問題がある。

7.2.1 盛土の基礎地盤
　盛土箇所の地形が傾斜していたり谷部である場合や、切土・盛土の境では、地山から

の湧水が盛土内に入りやすく盛土の安定に影響を与える。湧水を止めることは難しいので、それを速やかに排水させるため、盲排水管や排水層を設ける。

地すべり地での盛土は、地すべりブロックの断面上のどこに盛土をするのかによって

表-7.2 盛土法面の安定にかかわる問題

盛土法面	基礎地盤にかかわる問題	傾斜地盤での盛土
		地すべり地での盛土
		軟弱地盤での盛土
		腹付け盛土
	盛土材料にかかわる問題	岩塊の盛土
		高含水比材料の盛土
		降雨に弱い材料の盛土
水の影響	間隙水圧	盛土施工に伴って発生する間隙水圧
		地下水や降雨の浸透に伴って発生する間隙水圧
	侵食	湧水、降雨の流下による侵食
		湧水によるパイピング

安定度は大きく異なる。すなわち図-7.4のように地すべりブロックの末端部への盛土の場合は現状より安定側となるのに対し、地すべりブロックの頭部付近となると不安定側となる。ただし、地すべりブロックは何段も重なっていることがあり、あるブロックでは末端ではあっても下方の地すべりブロックに対しては頭部となることがあるので、注意を要する。基本的には地すべり地での盛土は避けたほうがよく、避けられないならば軽量化（発泡スチロールや軽量盛土など）して負担を軽減すべきである。

(a) 単一の地すべりブロック　　(b) 複数の地すべりブロック

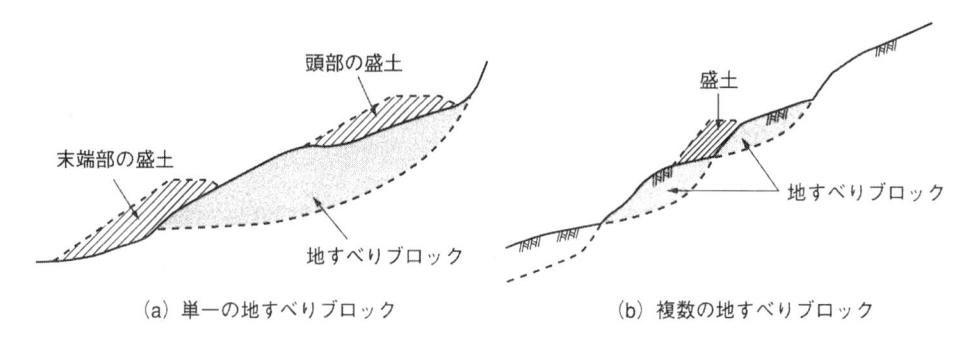

図-7.4 地すべり地での盛土

軟弱地盤（粘土、シルト、有機質土、泥炭、緩い砂など）での盛土は、盛土荷重によって沈下や地盤内にすべりなどの変状を起こすことがある。

7.2.2 盛土材料

盛土法面において、安定上問題を起こしやすい材料として次のものがある。

一般にロームと呼ばれる火山灰質粘性土は掘削してから盛り立てるまでの間に重機によってこね返されると強度が低下するほか、重機のトラフィカビリティ（走行性）の問題や過剰間隙水圧の発生などの問題を起こす。マサ（花崗岩類が強風化し土砂状となったもの）・山砂・シラス（砂状火山灰）などは粘着性がなく、降雨や湧水によって浸食やパイピングを起こしやすい。新第三紀の泥岩・凝灰岩や蛇紋岩などの中には乾湿の繰返しによって泥土化したりスレーキングしたりするものがあり、強度が低下する。

このような材料を盛土する場合には、セメントや石灰などによる改良や盛土内からの排水、法面の保護などが検討される。

7.3 切土法面の地盤地質

7.3.1 切土法面と地形

　地盤地質および地質構造は図-7.5に示すように地形に反映され、それらが地盤の物性・構造・地下水に影響を及ぼして自然斜面の安定性を規制する。

　切土法面の安定を予測するうえで必要な地盤性状に関するヒントが自然地形から得られることがある。現地や地形図から次のような感じを抱いたら、それは法面にとって要注意と考えたほうがよい。

・山腹斜面にすりばち状と貝殻状の組合せ
・傾いた顕著な平面の連続
・類似の地形の繰返し
・周辺に比べて異常に緩勾配

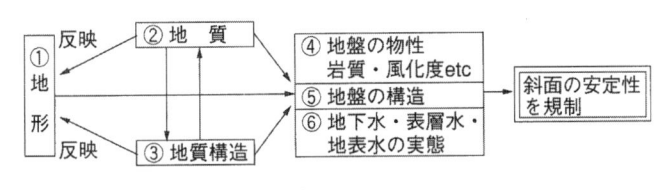

図-7.5　斜面の安定性の規制 [1]

7.3.2 切土法面で問題となる地盤地質

　切土法面では次のような地盤地質が問題を起こしやすい。

(1) 固結度の低い土砂や風化岩

　洪積砂礫層、洪積砂層、シラス、崖錐など新しい時代の堆積物で未固結のものや、マサなど岩盤が風化して土砂化したようなものは降雨や湧水の表面流下によってたやすく浸食される。また長雨や強雨のとき地盤が飽和状態となり崩壊しやすい。地盤の強度の低さもあるが、図-7.6に示すように分布が基岩に張り付く形になっていたり、山腹斜面と平行に傾斜していることが多いことも不安定要因のひとつである。

(2) 風化がはやい岩石

　新生代第三紀の泥岩や凝灰岩、火成岩の蛇紋岩や輝緑岩は、掘削したときには硬質で見かけ上安定していても、膨潤あるいはスレーキングを起こして泥土化してしまうものが多い。大規模な崩壊とはならないが、不安定な法面となる。

　また、法面の問題ではないが上述のような膨潤性の岩盤では、宅地造成などで住宅に問題を生じることがある。切土造成後の箇所の地盤が持ち上がり、家屋が傾斜したり建具の狂いなどを呈する。このような変化は急激ではなく、何年もかけて現れる。

(3) 割れ目の多い岩石

火成岩のうち安山岩・流紋岩・玄武岩などの火山岩や、生成時代の古い中・古生代の堆積岩、変成岩などは、硬質で割れ目が多く、法面の整形が難しかったり不安定な岩塊が残ったりすることがある。

(4) 構造的弱線を持つ岩石

岩盤には、岩石生成時からの節理・層理・片理や、後の地殻変動による断層、節理などの割れ目や不連続面があるが、この割れ目や不連続面沿いの強度が岩石のそれと比べて極端に低いことが法面を不安定化する要因となる。これらの割れ目や不連続面は岩盤の異方性をもたらし、その走向・傾斜と法面の方向や勾配との関係が法面安定のためのポイントとなる。7.4.1（2）に詳述する。

(5) 地すべり地

過去にすべった跡であり、すべり面が存在する。写真-7.2のように立木が曲がっていたり、地形段差の連続や複数見られる場合には要注意である。掘削によって活動を再発させることが多い（2.1.1（2）i）参照）。

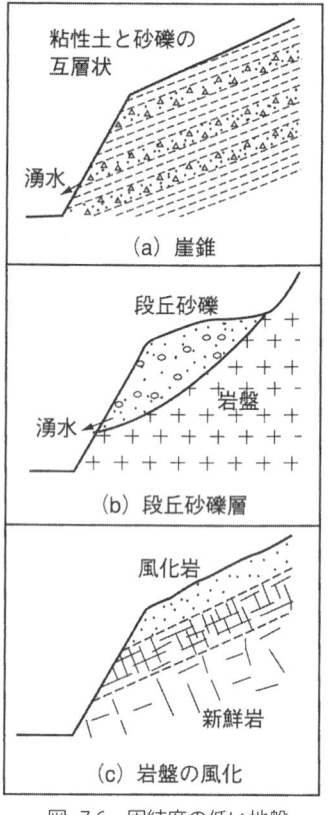

図-7.6 固結度の低い地盤

(6) 湧水の多い箇所

法面での湧水は、間隙水圧の上昇を生じることによる悪影響も考えられるが、パイピングや、浸食とその拡大、地盤強度の劣化をもたらすという影響が大きい。

また、図-7.7のような集中的な湧水に対しては、図-7.8のような適切な処理方法をとらねばならない。できるだけ湧水源に近いほうでとらえ、速やかに排水するのが効果的である。

(7) 黄鉄鉱を含む岩盤

岩盤に黄鉄鉱が含まれている場合、法面が赤色化する現象が見られたり、植生が付

写真-7.2 地すべり地の立木曲がりと段差

きにくいというような問題が起こることがある。これは掘削によって黄鉄鉱が空気に触れ酸化して硫酸ができるためである。pH3程度の強酸性を示すことがある。

また、このような岩盤の掘削ずりに雨水や湧水が浸透すると、強酸性の水となって岩

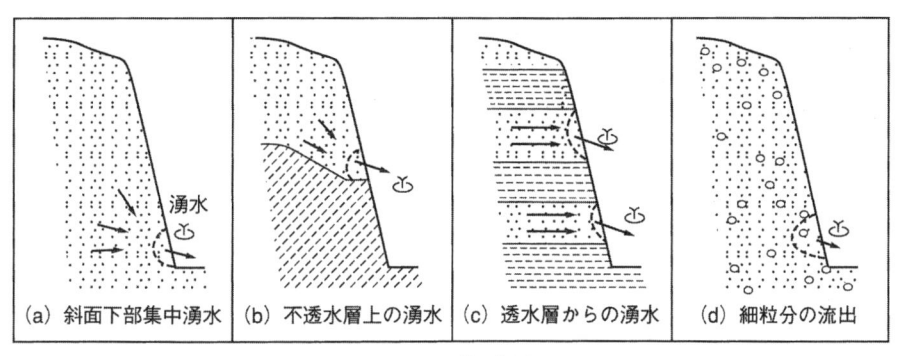

図-7.7　法面湧水

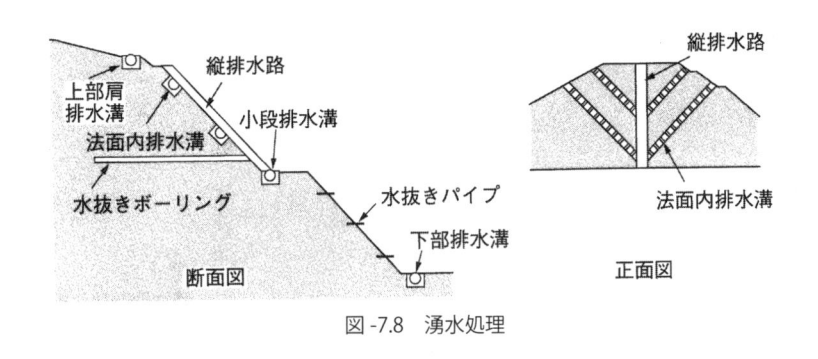

(a) 斜面下部集中湧水　(b) 不透水層上の湧水　(c) 透水層からの湧水　(d) 細粒分の流出

図-7.8　湧水処理

石に含まれている金属鉱物（AlやFeが多い）を取り込む。それが河川に流出して他の中性の河川と合流する際に、溶かし込まれていた金属鉱物が晶出して白色を呈する物質が川底に付着したり、魚類の死を招いたりすることがある。

　黄鉄鉱を初生的に含む岩盤は、火山岩によく見られるほか、堆積岩にも存在する。ただし他の岩石でも地下深部から二次的に供給された黄鉄鉱を含有する場合がある。

7.4 切土法面の崩壊

7.4.1 切土法面の崩壊形態

　切土法面の崩壊形態は、図-7.9のようなものがある。このうち構造的弱線（割れ目や不連続面）に起因する崩壊にとくに要注意である。

7.4.2 異方性に起因する崩壊

(1) 異方性岩盤と法面方向

　図-7.10は層理面や片理面が発達する異方性岩盤においての、3方向の法面を示したものである。法面の安定に関して、A法面はほとんど問題なく（あっても落石程度）、C法面は必ず崩壊（流れ盤すべり）すると考えてよい。B法面は条件次第で崩壊することがある。

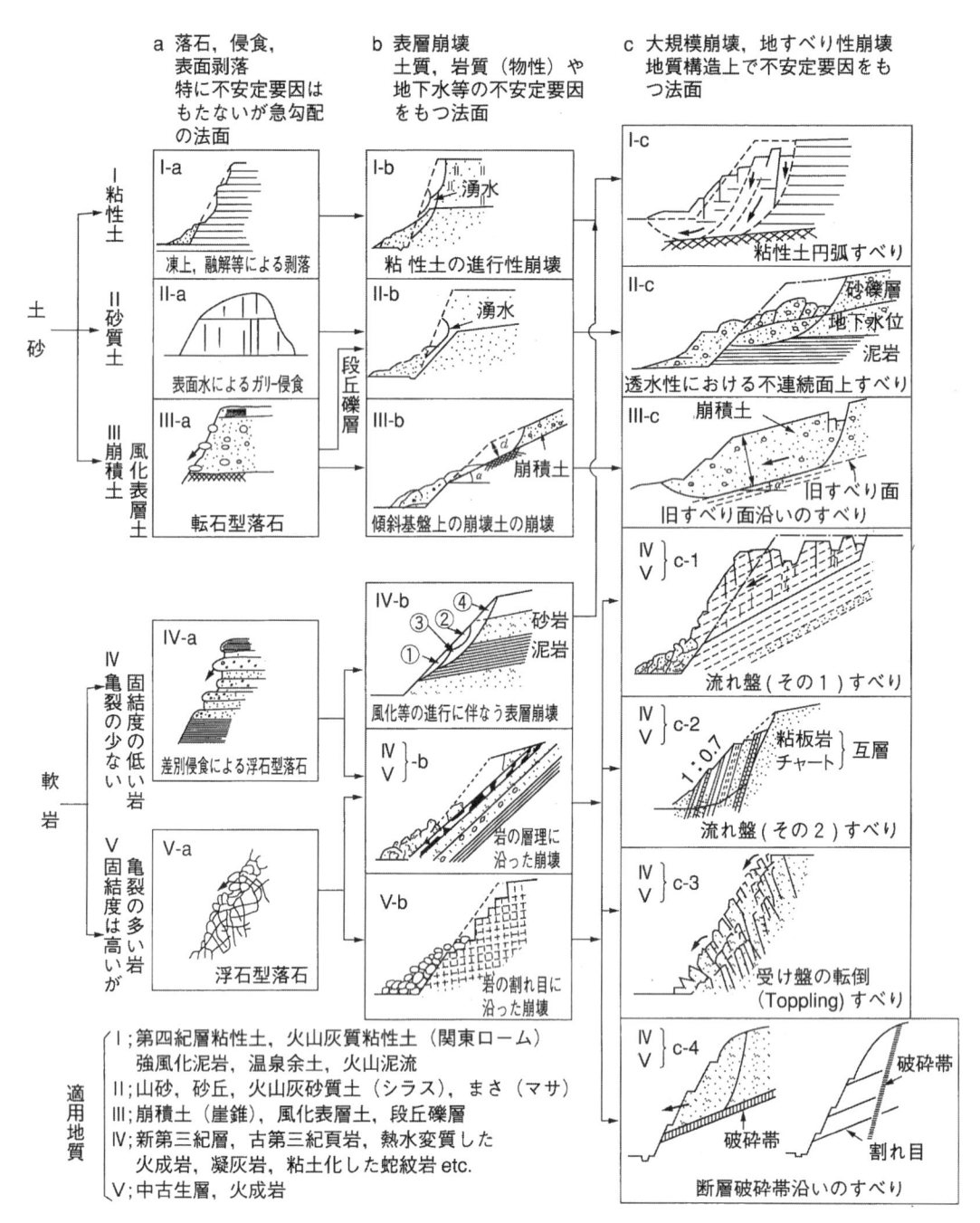

図-7.9 切土法面における地山条件と崩壊形態[1]

(2) 流れ盤すべり

流れ盤とは、割れ目の傾斜方向が法面の傾斜と同一である状況を言う（図-7.10のC）。逆傾斜のときは差し目または受け盤と言う（図-7.10のB）。同じ流れ盤でも法面の方向が図-7.10のAとCとの中間の形があるし、割れ目の傾斜も法面勾配との関係で図-7.11

のような形態となる。

図-7.11の (a) と (b) で、これらがすべりを起こすためには、割れ目沿いだけでなく岩石部分を横断するせん断破壊が起こらねばならない。したがってこれらがすべるかどうかは、割れ目沿いと岩石部分とを合成したせん断強度に左右されることになる。これに対して (c) と (d) では岩石部分は無関係で低強度の割れ目沿いだけですべる様式である。(c) はいかにもすべりそうで、緩傾斜の (d) では感覚的にすべりそうに見えないが、これらは割れ目の傾斜と割れ目沿いのせん断強度との関係ですべるかどうかが決まる。

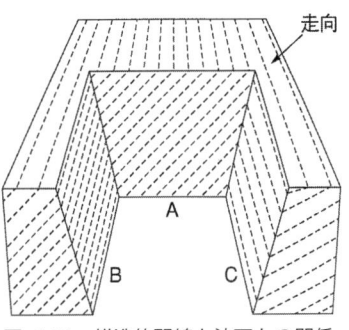

図-7.10 構造的弱線と法面との関係

流れ盤すべりを起こすような岩石には表-7.3のようなものがある。

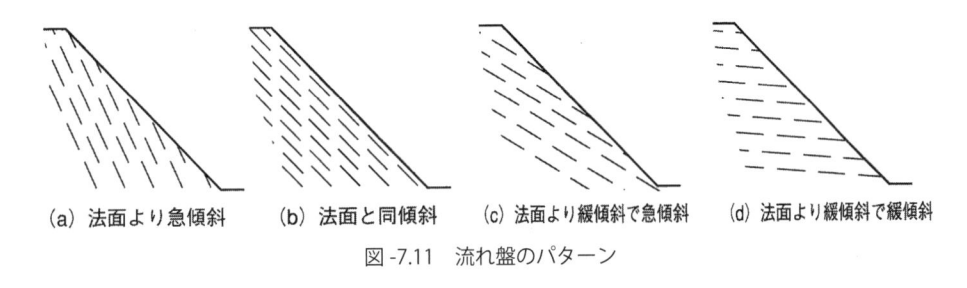

(a) 法面より急傾斜　(b) 法面と同傾斜　(c) 法面より緩傾斜で急傾斜　(d) 法面より緩傾斜で緩傾斜

図-7.11 流れ盤のパターン

表-7.3 特徴ある割れ目を有する岩石名

連続性があり、平行に何枚も発達する割れ目を有する岩石	結晶片岩、チャート、粘板岩、頁岩、泥岩、凝灰岩、砂岩、ホルンフェルス、石炭、○○岩と○○岩の互層
上記に比べ連続性は少ないが平行に重なる割れ目を有することがある岩石	安山岩、玄武岩、流紋岩、花崗岩、片麻岩

また、層理面や片理面のほかに流れ盤すべりを起こすような地質構造には、断層と節理があるが、後者は一般には連続性があまりなく、問題になるのは連続性のある断層であることが多い。

図-7.12に流れ盤すべりの判定フローを示す。各チェックポイントでNOとなって右のボックスに行くケースは、もし起こるとすればこのような崩壊形態であろう、という意味であるが、YESで「流れ盤すべり」にたどりついた場合には、必ず起こると考えたほうがよい。

以上を簡単な例題で説明する。走向N40°W・傾斜35°NEの片理面が卓越する結晶片岩の分布地域に屈曲する道路を施工するため10面の法面が計画されているものとする（図-7.13）。各法面を図-7.12の流れ盤すべり判定フローに従って判定し、発生すると考えられる崩壊形態を示すと表-7.4のようになる。

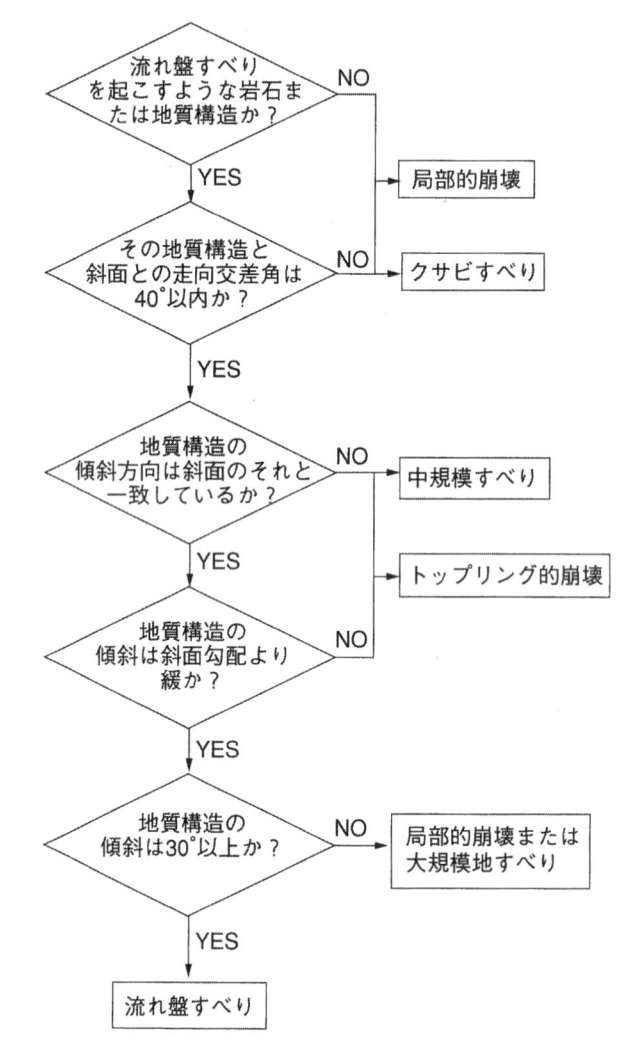

図-7.12 流れ盤すべり判定フロー[2]

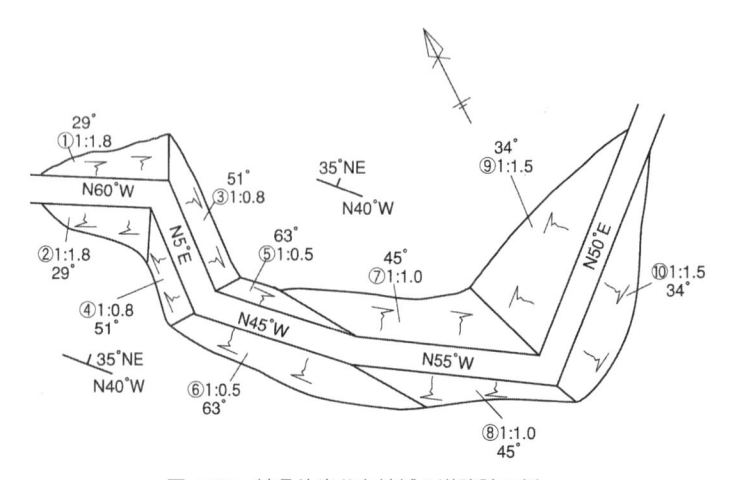

図-7.13 結晶片岩分布地域の道路計画例

表-7.4 流れ盤すべり判定例

チェック項目	①	②	③	④	⑤	⑥	⑦	⑧	⑨	⑩
流れ盤すべりを起こすような岩石か？	○	○	○	○	○	○	○	○	○	○
その地質構造と法面との交差角は40°以内か？	○	○	×	×	○	○	○	○	×	×
地質構造の傾斜方向は法面のそれと一致しているか？	×	○			×	○	×	○		
地質構造の傾斜は法面勾配より緩か？		×				○		○		
地質構造の傾斜は30°以上か？						○		○		
考えられる崩壊形態	中規模すべり	中規模すべり	局部的崩壊	クサビすべり	トップリング	流れ盤すべり	中規模すべり	流れ盤すべり	局部的崩壊	局部的崩壊

注）①〜⑩は法面判定箇所を示す。　　　YES：○　　NO：×

(3) 緩傾斜の流れ盤すべり

緩い傾斜のときにはすべり土塊が大きくなり、地すべりと呼んでもいい規模となる。図-7.14の(a)はたった1枚の粘土層のためその上に載る硬岩がすべり出し、上部の排土と下部への抑え盛土で対処した例である。(b)は見かけは水平層であったがそれがすべり出し、調査の結果、地山内部に褶曲構造が存在した例である。

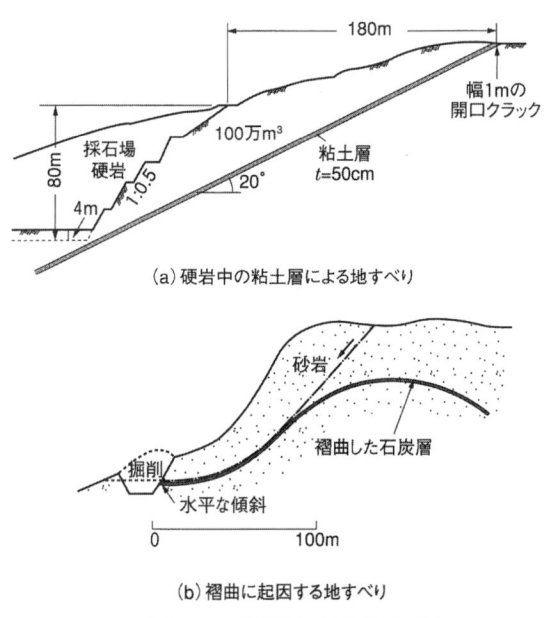

(a) 硬岩中の粘土層による地すべり

(b) 褶曲に起因する地すべり

図-7.14 緩傾斜の流れ盤すべり

(4) トップリング

岩盤に板状あるいは柱状の構造が発達し、それが急傾斜あるいは差し目のとき、法面勾配を急にするとトップリング（倒壊）が発生しやすい。とくに片理面・層理面の走向と法面の方向が平行に近い場合には、流れ盤すべりのときと同様、要注意である（図-7.15）。

(a) ブロック性トップリング　　(b) たわみ性トップリング　　(c) ブロック〜たわみ性トップリング

図-7.15　トップリング[1]

(5) クサビすべり

　単一の面では、法面との走向交差角が大きく流れ盤すべりにはならなくても、複数の面が絡むことによって流れ盤すべりと同じようなすべり（クサビすべり）になることがある。図-7.12の流れ盤すべりの判定フローの第2チェックポイントで、走向交差角が大きくても形態が流れ盤の場合には、図-7.16のように掘削するに従ってそれに近付いてくるような別の割れ目がないかどうかを見極め、クサビすべりを予想できるかが重要である。

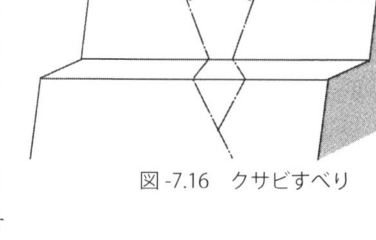

図-7.16　クサビすべり

(6) クリープによる弱線のすべり

　自然斜面が差し目である場合、過去のクリープ変形により弱線が連続していることがある。クリープ変形は傾斜角が地山深部に比べて地表近くで緩くなっていることから推定される。このような岩盤で、その地質構造の走向に一致するような方向の法面を掘削すると、弱線が流れ盤のようになってすべることがある（図-7.17、写真-7.3）。図-7.15中に示したたわみ性トップリングから派生する現象である。

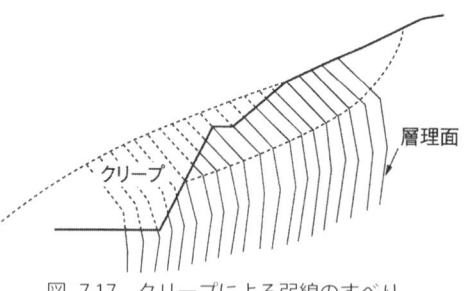

図-7.17　クリープによる弱線のすべり

写真-7.3　岩盤のクリープ[3]

7.5 切土法面の設計と安定対策

7.5.1 切土法面の勾配

切土法面の設計は、基本的には地盤地質に応じた勾配で掘削形状を決めることにある。ステップ間隔およびステップ幅は、各機関によって基準化されていることが多く、それに従う。

切土法面の勾配は諸機関でそれぞれ標準化されたものがある。道路の例を表-7.5に示す。岩盤では割れ目などとの関係でこの通りにならないこともある。

表-7.5 道路の法面勾配[4]

地山の土質		切土高	勾配
硬岩			1:0.3～1:0.8
軟岩			1:0.5～1:1.2
砂	密実でない粒度分布の悪いもの		1:1.5～
砂質土	密実なもの	5m以下	1:0.8～1:1.0
		5～10m	1:1.0～1:1.2
	密実でないもの	5m以下	1:1.0～1:1.2
		5～10m	1:1.2～1:1.5
砂利または岩塊まじり砂質土	密実なもの、または粒度分布がよいもの	10m以下	1:0.8～1:1.0
		10～15m	1:1.0～1:1.2
	密実ではないもの、または粒度分布の悪いもの	10m以下	1:1.0～1:1.2
		10～15m	1:1.2～1:1.5
粘性土		10m以下	1:0.8～1:1.0
岩塊または玉石まじりの粘性土		5m以下	1:1.0～1:1.2
		5～10m	1:1.2～1:1.5

注）土質構成などにより単一勾配としないときの切土高および勾配の考え方は下図のようにする。

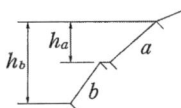

h_a：a法面に対する切土高
h_b：b法面に対する切土高

・勾配は小段を含めない。
・勾配に対する切土高は当該切土法面から上部の全切土高とする。

7.5.2 法面安定対策工

(1) 予め安定対策をする場合

一般の切土法面では、その法面の状況に応じて下記 i)～iii) の安定対策工が計画される。危険性が予め予知されている場合には iv) や v) が計画される。

i) **法面保護工**：雨水による浸食や、凍上による崩落を植生（種散布、張芝、厚層基材吹付など）や構造物表面被覆（モルタル吹付、法枠、ネットなど）で防止する方法である。

ii) **擁壁工**：土圧に抵抗する重量構造物で重力式擁壁、石積み、ブロック積み、蛇籠・フトン籠（金網中に大礫を入れたもの）などがある。

iii) **落石防護工**：落石の発生を防ぐ、落石のエネルギーを減少させる、落石を避けるなどの防護工で、ロックネット、落石防止柵、ワイヤーロープ、ロックシェッドなどがある。

iv) **抑制工**：崩壊の原因を除去・減少させることが目的の方法で、排水工、排土工、押さえ盛土工などがある。

v) **抑止工**：崩壊しようとする力に対して力で抵抗させる方法で、杭工、深礎工、グラウンドアンカー工、ロックボルト工、補強土工などがある。

(2) 掘削途中で崩壊した場合

掘削途中で崩壊した場合には、まず崩壊土の拡散防止を図-7.18のような方法で図る。復旧工事開始前に図-7.19のように施工足場を確保することと、二次的崩壊から守ることを考える。その後、安定化させるためには崩壊の恐れのある部分を排土するのが、安定のためには最適である。しかしそのためには法面勾配を緩くしなければならず、用地境界などの関係で不可能なことも多い。そのような場合には、グラウンドアンカー工またはロックボルト工を採用する。この両者の使い分けは施工機械の関係から、すべり土塊が岩盤で

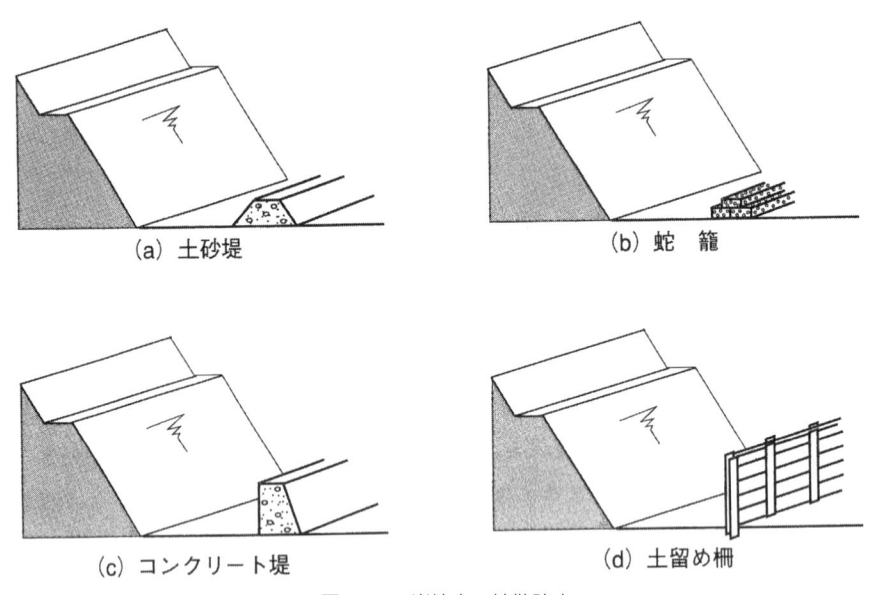

(a) 土砂堤　　(b) 蛇籠

(c) コンクリート堤　　(d) 土留め柵

図-7.18　崩壊土の拡散防止

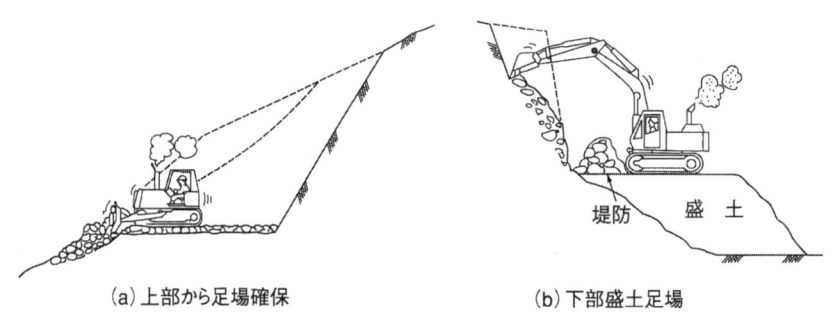

(a) 上部から足場確保　　(b) 下部盛土足場

図-7.19　崩壊後の土砂処理

2～3m以内であれば後者を、それ以上であれば前者とする。

また、見られた崩壊が小規模であっても、大規模な地すべりの末端の現象（図-7.20）であることもあるので、周辺の斜面を広範囲に点検することが必要である。

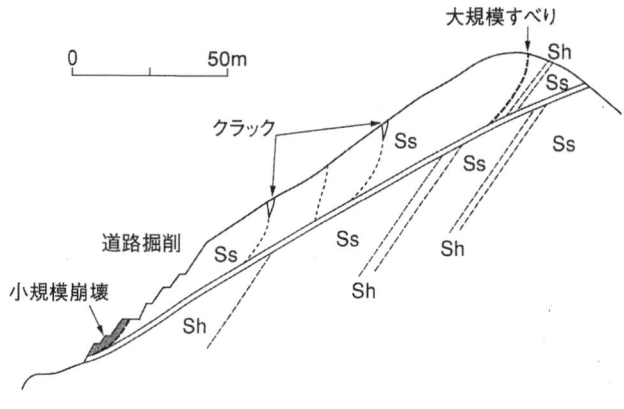

図-7.20　大規模すべりの末端の現象例

7.5.3 円弧すべりの安定計算

　すべりの安定解析をする場合、まず仮定しなければならないのはすべり面の形状である。一般の安定解析は円弧すべりと直線すべりが多く、両者を組み合わせた複合すべりとすることもある。円弧すべりは土質地盤や盛土（フィルダム）で一般に採られる方法である。直線すべりは岩盤すべりに適用することが多いが、これは岩盤での崩壊が割れ目や不連続面に沿う形が多いからである。岩盤の安定解析で割れ目や不連続面による崩壊であることがわかっていながら、円弧すべりを仮定している例がよく見られるが、これは誤りである。地すべりのように緩傾斜で大規模な場合には上・下端の円弧と中心付近の直線という複合すべりとしている例が多い。

　どのすべり面形状を仮定しても「すべろうとする力」と「すべりに抵抗する力」との比である「安全率」を求めるという安定計算の基本は同じである。

(1) 計算方法

　地すべりブロックを地表面の形状や傾斜の変化点などから図-7.21のように10程度のスライスに分割し、各スライスごとに基本数値を求める。それらの値を合計して、安定計算基本式に導入する。

　各スライス諸数値は手計算では一般に次のように計算されるが、市販のコンピュータソフトなどでは厳密な計算をさせている。

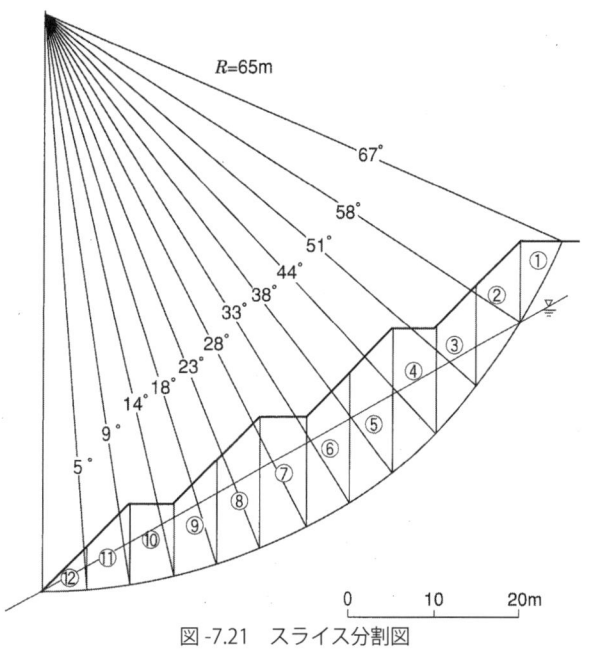

図-7.21　スライス分割図

- スライスの面積 $A_n = \{(a_n + a_{n+1}) \div 2\} \cdot b_n$：スライス両端高の平均と幅との積（長方形近似）
- すべり土塊重量 $W_n = A_n \cdot \gamma$：面積と単位体積重量 γ の積で断面奥行き 1m 当たりの重量（kN/m）
- 傾斜角 $\theta = (\theta_n + \theta_{n+1}) \div 2$：スライス両端点の接線傾斜角（円弧中心と結ぶことにより簡単に求められる）の平均
- すべり線長 $l = 2 \cdot \pi \cdot R \cdot (\theta_n - \theta_{n+1}) \div 360$：円周の一部としての弧の長さ
- 間隙水圧 $u = (u_n + u_{n+1}) \div 2$：すべり面から地下水位までの高さ

これらの値をスライスごとに計算してそれらを集計し、すべり面の強度常数 c および ϕ を仮定して次の安定計算基本式より安全率を求める。

$$F_s = \frac{c \cdot \Sigma l + \{\Sigma(W \cdot \cos\theta) - \Sigma(u \cdot l)\} \cdot \tan\phi}{\Sigma(W \cdot \sin\theta)}$$

ただしすべり面の強度常数 c および ϕ の仮定次第でのこの計算はどのような結果にでもなり得るもので、かつこの c と ϕ を知ることが一般には難しいため、円弧すべりでは次のような逆算方を用いるケースが多い。

(2) 逆算法

これはスライス分割で得られた値を安定計算式を入れる際に、c および $\tan\phi$ を未知数として残しておきそこに安全率を仮定（一般には 1.0 と仮定）して、c-$\tan\phi$ の関係図を図-7.22 のように求める（余談であるが c-$\tan\phi$ 関係図であって c-ϕ 関係図では誤りである）。このあと c（表-7.6）または ϕ（表-7.7）の一方を仮定して他方を算定する。一般には、c が仮定され、次式より $\tan\phi$ を求める。

$$\tan\phi = \frac{F_s \cdot \Sigma(W \cdot \sin\theta) - c \cdot \Sigma l}{\Sigma(W \cdot \cos\theta) - \Sigma(u \cdot l)}$$

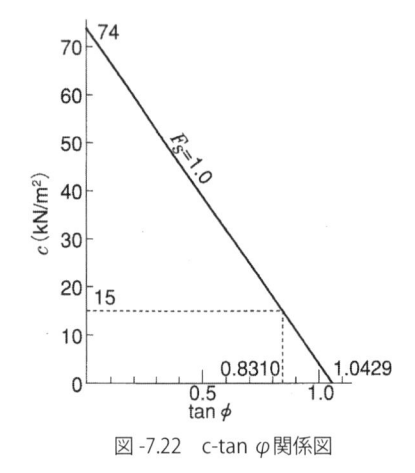

図-7.22　c-tan φ関係図

表-7.6　cの経験値

地すべり面の平均鉛直層厚(m)	粘着力 c (kN/m²)
5	5
10	10
15	15
20	20
25	25

（日本道路協会[4]を SI 単位化）

表-7.7 風化岩でのφの範囲

風化岩の種類		粘着力 c (kN/m²)	せん断抵抗角(度)
変成岩		0〜2（1）	20〜28（26）
火成岩		0（0）	23〜36（29）
堆積岩	古生層	0〜4（0）	23〜32（29）
	中生層	0〜10（5）	21〜26（24）
	古第三紀層	0〜20（7）	20〜25（23）
	新第三紀層	0〜25（20）	12〜22（12.5）

（日本道路協会[3]）をSI単位化）

なぜこのような方法を採るかは、次のような背景がある。
・安定計算基本式に入力する条件の中で、cとϕの設定が難しい。
・試験値があったとしても、それがすべり面全体の強度を表現しているかどうか疑わしい。
・仮定した安全率（一般には 1.0）を、計画安全率（一般に 1.05〜1.2）に引き上げるという方針さえ明確なら、その途中仮定での中でcとϕの設定は、実際には若干影響するがそれほど神経を使わなくてよい。

(3) 抑止力の算定

逆算法で求めたcとϕを使い安定計算式中のすべりに抵抗する力に必要抑止力Pを加えることによって所定の計画安全率F_{sp}を得ると考えることにより、逆にF_{sp}を与えてPと算定する。

$$F_{sp} = \frac{\{\Sigma(W \cdot \cos\theta) - \Sigma(u \cdot l)\} \cdot \tan\phi + c \cdot \Sigma l + P}{\Sigma(W \cdot \sin\theta)}$$

$$P = F_{sp} \cdot \Sigma W \cdot \sin\theta - (\Sigma W \cdot \cos\theta - \Sigma u \cdot l) \cdot \tan\phi - c \cdot \Sigma l$$

ここに F_{sp}：計画安全率、W：すべり土塊重量 (kN/m)、θ：すべり面傾斜 (°)、u：間隙水圧 (kN/m²)、l：すべり面長 (m)、ϕ：内部摩擦角 (°)、c：粘着力 (kN/m²)、P：必要抑止力 (kN/m) である。

(4) 円弧すべり計算例

図-7.21 のスライス分割図をもとにして表-7.8 のような算定表が求められる。単位体積重量は 18kN/m³ としている。表-7.8 集計した値を安定計算基本式に導入し、現状安全率 Fs を c および $\tan\phi$ の式で表現すると次のようになる。

$$F_s = \frac{c \times 76.0 + (9324 - 3855) \times \tan\phi}{5610}$$
$$= 0.0135 \times c + 0.9588 \times \tan\phi$$

ここに $F_s = 1.0$ と仮定して、c-$\tan\phi$ の関係式を求めてそれを図示すると図-7.22 のようになる。

表-7.8　スライス算定表

No.	A(m²)	γ(kN/m³)	W(kN/m)	θ(°)	$W \cdot \sin\theta$	$W \cdot \cos\theta$	l(m)	u(kN/m²)	$u \cdot l$
①	25.0	18	450	62.5	399	208	10.2	0	0
②	53.8	〃	968	54.5	788	562	7.9	20	158
③	57.5	〃	1035	47.5	763	699	7.9	50	395
④	68.0	〃	1224	41.0	803	924	6.8	70	476
⑤	76.3	〃	1373	35.5	797	1118	5.7	83	473
⑥	67.5	〃	1215	30.5	617	1047	5.7	88	502
⑦	68.8	〃	1238	25.5	533	1117	5.7	90	513
⑧	67.5	〃	1215	20.5	426	1138	5.7	83	473
⑨	50.0	〃	900	16.0	248	865	4.5	68	306
⑩	42.5	〃	765	11.5	153	750	5.7	55	314
⑪	33.8	〃	608	7.0	74	603	4.5	38	171
⑫	11.3	〃	203	2.5	9	203	5.7	13	74
Σ	—	—	—	—	5610	9234	76.0	—	3855

すべり面の最大深さは図-7.21より約15mなので、表-7.6から$c = 15\text{kN/m}^2$と仮定して$\tan\phi$を求めると次のようになり、図-7.22に示したようになる。

$$\tan\phi = 0.8310\ (\phi = 39.7°)$$

次に計画安全率$F_{sp} = 1.20$として、必要抑止力を求める。

$$P = 1.2 \times 5610 - 15 \times 76.0 - (9234 - 3855) \times 0.8310$$
$$= 1121\text{kN/m}$$

すなわち杭やグラウンドアンカーなどの対策によって、この抑止力を導入すれば計画安全率1.2を得ることができる。

7.5.4 直線すべりの安定計算
(1) 計算方法

流れ盤すべりなど岩盤中の割れ目によるすべりは一般に直線すべりとして解析する。このときのすべり面は、わかっていればよいが、不明な場合には測定された傾斜で法尻に向かうような直線を仮定する。このすべり面に垂直に働く力と平行に動く力を求めて安定計算を行う（図-7.23）。

図-7.23において、
　すべりに抵抗する力 $= W \cdot \cos\theta \cdot \tan\phi + c \cdot l$　　(kN/m)
　すべろうとする力 $= W \cdot \sin\theta$　　　　　　　　　(kN/m)

ここに、W：すべり土塊重量（kN/m）、θ：すべり面傾斜（°）、l：すべり面長（m）、ϕ：内部摩擦角（°）、c：粘着力（kN/m²）である。これらを用いて次の式により安全率が算

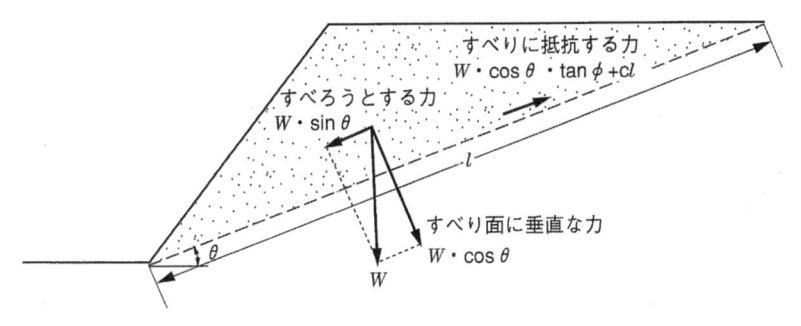

図-7.23 直線すべりの安定計算

定される。

$$F_s = \frac{W \cdot \cos\theta \cdot \tan\phi + c \cdot l}{W \cdot \sin\theta}$$

理論的には、Fs > 1.0 ならすべらないし、Fs < 1.0 ではすべる。しかし安定計算には多くの仮定が入っており、Fs > 1.0 で安全とするには不安がある。一般には後述のように、計画安全率を設定しそれを満足できる対策が採られる。

図-7.23 に示したような直線すべりを対象とする法面では、グラウンドアンカー（ロックアンカー、アースアンカー、PS アンカー、PC アンカーなど種々の呼び方がある）か、ロックボルトで対策するのが一般的である。すべろうとする土塊を除去するような緩勾配にするのが最良の方法であるが、用地境界や環境破壊の条件が優先され、法面安定は対策工に頼ることが多い。

(2) 抑止力の算定

実際の法面での設計は、計画安全率（F_{sp}）を設定し、それを得るために必要な抑止力（P）を求める方法が一般的である。すなわち下式で計画安全率 F_{sp} を設定して、必要抑止力 P を計算する。

計画安全率は、仮設の場合には 1.05～1.1、本設法面では 1.2～1.3 とされることが多い。

$$F_{sp} = \frac{W \cdot \cos\theta \cdot \tan\phi + c \cdot l + P}{W \cdot \sin\theta}$$

$$P = F_{sp} \cdot W \cdot \sin\theta - (W \cdot \cos\theta \cdot \tan\phi + c \cdot l) \quad \text{(kN/m)}$$

(3) 安定計算事例

次のような条件の直線すべりの安定解析を行う。
・法面の上・下およびステップ（幅 2m）は水平である
・2 段法面とし、下段は勾配 1：0.5 で直高 5m、上段は勾配 1：0.8 で直高 7m である
・法尻に向かうすべり面の傾斜は 25°である
・すべり土塊の単位体積重量は $\gamma = 21\text{kN/m}^3$ とする

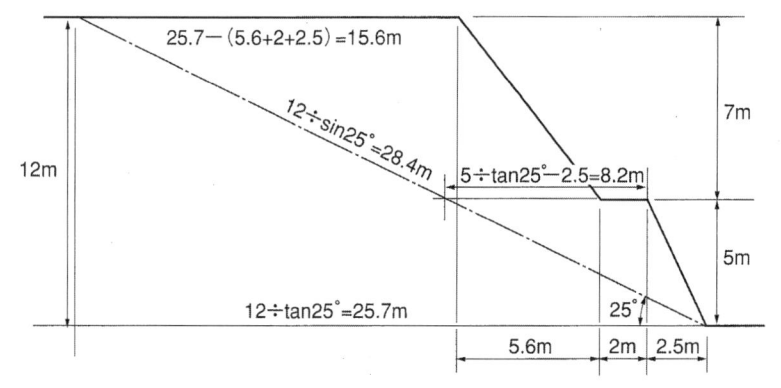

図-7.24　安定計算事例

- すべり面の強度常数は、粘着力 $c = 5\text{kN/m}^2$、内部摩擦角 $\phi = 20°$ とする
- 計画安全率は $F_{sp} = 1.2$ とする

この条件に従う断面図は図-7.24となる。

ここにすべり土塊面積 A （m²）を求め、すべり土塊重量 W （kN/m）を算定すると次のようになる。

$$A = 96.8\text{m}^2$$
$$W = 96.8 \times 21 = 2033\text{kN/m}$$

またすべり面長 l は次のように算定される。

$$l = (5 + 7) \div \tan 25° = 28.4\text{m}$$

これをもとに安定計算式から現状安全率 F_s を求める。

$$F_s = \frac{2033 \times \cos 25° \times \tan 20° + 5 \times 28.4}{2033 \times \sin 25°} = \frac{671 + 142}{859} = 0.95$$

計画安全率（$F_{sp} = 1.2$）を得るための必要抑止力 P （kN/m）は次のように算定される。

$$P = F_{sp} \cdot W\sin\theta - (W \cdot \cos\theta \cdot \tan\phi + c \cdot l)$$
$$= 1.2 \times 859 - (671 + 142)$$
$$= 218\text{kN/m}$$

7.5.5 グラウンドアンカーの設計

法面安定のために必要な抑止力をグラウンドアンカーで得る場合の設計フローを図-7.25に示す。

(1) グラウンドアンカーによる安定検討
i) 設計アンカー力

前述の必要抑止力はすべり面に沿って発揮されるべき力であるが、グラウンドアンカーによって得られる抵抗力には方向性（アンカー打設方向の引張り抵抗）があるので、図-7.26のように分力で考える。

すなわちアンカーの力を、すべり面に沿って上方に引き上げる力（引止力）とすべり面

7. 法面と地盤地質　113

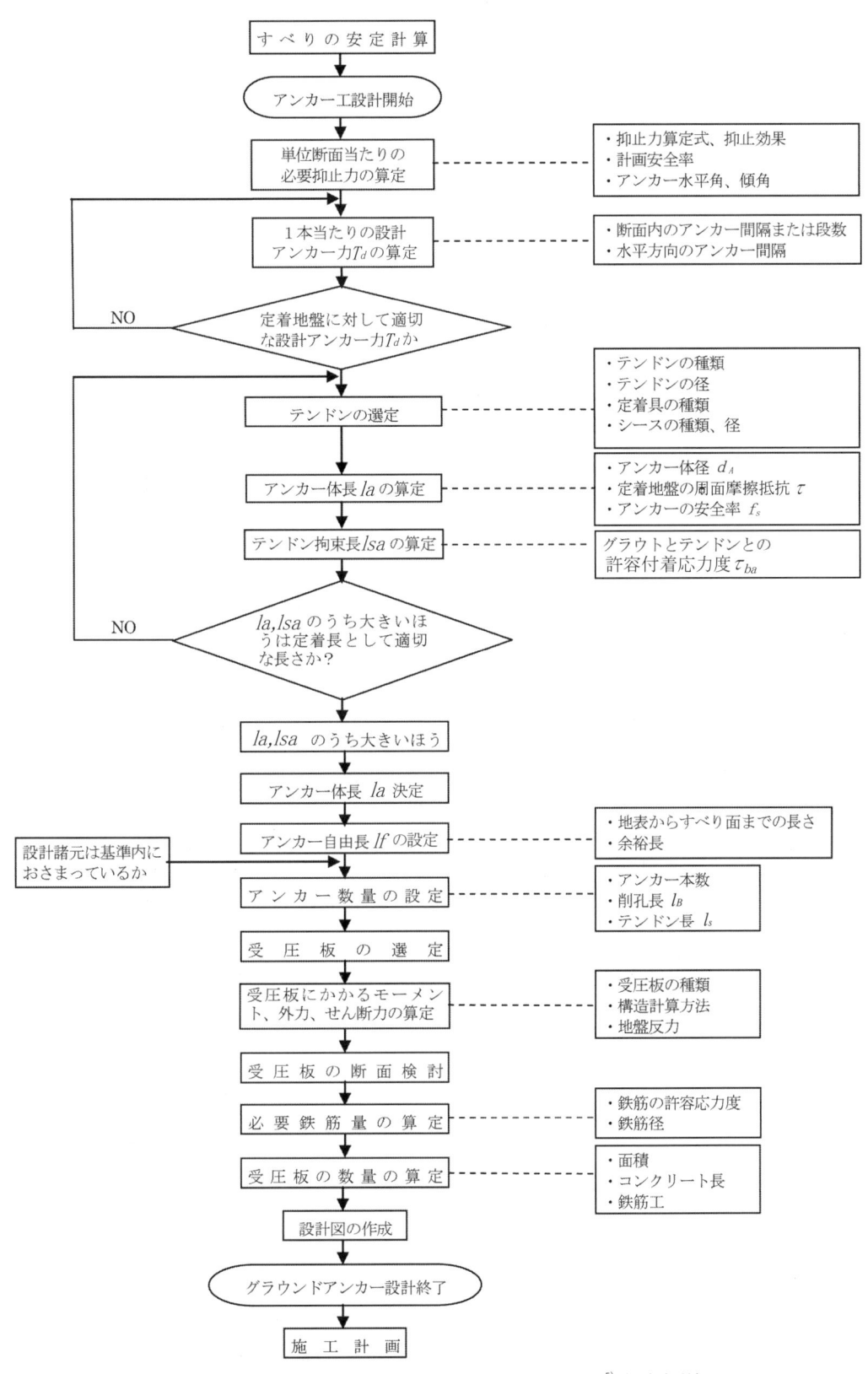

```
                ┌─────────────────┐
                │ すべりの安定計算 │
                └────────┬────────┘
                ┌────────┴────────┐
                │ アンカー工設計開始 │
                └────────┬────────┘
                ┌────────┴────────┐        ・抑止力算定式、抑止効果
                │ 単位断面当たりの │─────── ・計画安全率
                │ 必要抑止力の算定 │        ・アンカー水平角、傾角
                └────────┬────────┘
       ┌─────────────────┤
       │        ┌────────┴────────┐        ・断面内のアンカー間隔または段数
       │        │ 1本当たりの設計 │─────── ・水平方向のアンカー間隔
       │        │ アンカー力T_d の算定 │
       │        └────────┬────────┘
    NO │            ╱        ╲
       └──────< 定着地盤に対して適切 >
                ╲ な設計アンカー力T_d か ╱
                       │ YES
       ┌───────────────┤        ・テンドンの種類
       │        ┌──────┴──────┐    ・テンドンの径
       │        │ テンドンの選定 │──── ・定着具の種類
       │        └──────┬──────┘    ・シースの種類、径
       │        ┌──────┴──────┐        ・アンカー体径 d_A
       │        │ アンカー体長 la の算定 │──── ・定着地盤の周面摩擦抵抗 τ
       │        └──────┬──────┘        ・アンカーの安全率 f_s
       │        ┌──────┴──────┐        グラウトとテンドンとの
       │        │ テンドン拘束長 lsa の算定 │──── 許容付着応力度 τ_{ba}
       │        └──────┬──────┘
    NO │            ╱        ╲
       └──────< la, lsa のうち大きいほ >
                ╲ うは定着長として適切 ╱
                 ╲ な長さか？         ╱
                       │ YES
                ┌──────┴──────┐
                │ la, lsa のうち大きいほう │
                └──────┬──────┘
                ┌──────┴──────┐
                │ アンカー体長 la 決定 │
                └──────┬──────┘
                ┌──────┴──────┐        ・地表からすべり面までの長さ
                │ アンカー自由長 lf の設定 │──── ・余裕長
                └──────┬──────┘
  設計諸元は基準内に   │                   ・アンカー本数
  おさまっているか ────┤        ┌──────┴──────┐    ・削孔長 l_B
                │        │ アンカー数量の設定 │──── ・テンドン長 l_s
                        └──────┬──────┘
                ┌──────┴──────┐
                │ 受圧板の選定 │
                └──────┬──────┘
                ┌──────┴──────┐        ・受圧板の種類
                │ 受圧板にかかるモーメン │──── ・構造計算方法
                │ ト、外力、せん断力の算定 │    ・地盤反力
                └──────┬──────┘
                ┌──────┴──────┐
                │ 受圧板の断面検討 │
                └──────┬──────┘
                ┌──────┴──────┐        ・鉄筋の許容応力度
                │ 必要鉄筋量の算定 │──── ・鉄筋径
                └──────┬──────┘
                ┌──────┴──────┐        ・面積
                │ 受圧板の数量の算定 │──── ・コンクリート長
                └──────┬──────┘        ・鉄筋工
                ┌──────┴──────┐
                │ 設計図の作成 │
                └──────┬──────┘
                ┌──────┴──────┐
                │ グラウンドアンカー設計終了 │
                └──────┬──────┘
                ┌──────┴──────┐
                │ 施 工 計 画 │
                └─────────────┘
```

図-7.25　法面安定のためのグラウンドアンカーの設計フロー[5]（一部加筆）

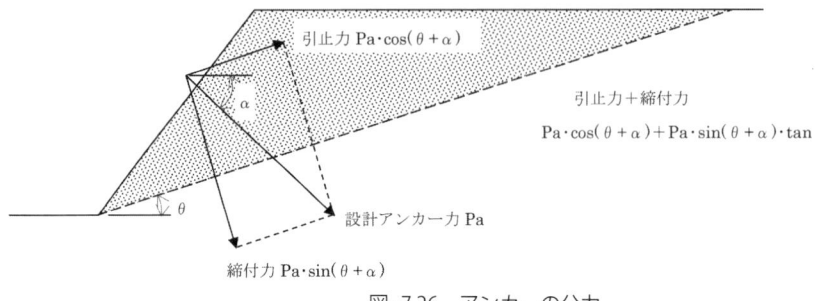

図-7.26 アンカーの分力

に押し付ける力（締付力）とに分けて考える。実際の設計ではこの両方の力をプラスする場合と、どちらか一方のみを期待する（他方を無視する）考え方がある。ここでは両方をプラスする算定方法を示す。

単位幅（1m）当たりの設計アンカー力をP_aとするとアンカー抑止力Pは次式のようになる。

アンカー抑止力 P ＝ 引止力＋締付力
$$= P_a \cdot \cos(\theta + \alpha) + P_a \cdot \sin(\theta + \alpha) \cdot \tan\phi$$

ここに、θ：すべり面の傾斜、α：アンカー打設角（水平となす角）である。

計画安全率F_{sp}を設定し、P_aを以下のように求める。

$$F_{sp} = \frac{W \cdot \cos\theta \cdot \tan\phi + c \cdot l + P_a \cdot \cos(\theta+\alpha) + P_a \cdot \sin(\theta+\alpha) \cdot \tan\phi}{W \cdot \sin\theta}$$

$$P_a = \frac{F_{sp} \cdot W \cdot \sin\theta - c \cdot l - W \cdot \cos\theta \cdot \tan\phi}{\cos(\theta+\alpha) + \sin(\theta+\alpha) \cdot \tan\phi}$$

ii) 1本当たりの設計アンカー力（T_d）

アンカーの配置間隔は、1.5～5mの範囲とするが一般には2～3mとすることが多い。先に間隔を設定してP_aから1本当たりの設計アンカー力を求める方法a)と、1本当たり設計アンカー力を設定して間隔を計算する方法b)とがある。

a) $\quad T_d = \dfrac{P_a}{n} \times d$

b) $\quad n = \dfrac{P_a \times d}{T_d} \qquad d = \dfrac{n \times T_d}{P_a}$

T_d：1本当たり設計アンカー力
P_a：単位幅(1m)当たりアンカー力
n：断面内でのアンカー段数
d：水平方向のアンカー間隔

1本当たりの設計アンカー力は、計算上では2000kN/本以上の大きな力を期待することはできるが、一般には500kN/本程度が多い。

(2) グラウンドアンカー計算事例

図-7.27 のように上段法面に、グラウンドアンカーを2段配置するものとし、打設方向はこの法面に直角な方向（下向き39°）とする。

7.5.4 (3) の安定計算事例で、次の値が計算あるいは条件設定されたものとする。

　　すべり土塊重量 $W = 2033$ kN/m

　　すべり面傾斜 $\theta = 25°$

　　　$W \cdot \sin \theta = 859$ kN/m、$W \cdot \cos \theta = 1843$ kN/m

　　すべり面長 $l = 28.4$ m

　　すべり面の強度常数：粘着力 $c = 5$ kN/m^2、内部摩擦角 $\phi = 20°$

以上より計画安全率 $F_{sp} = 1.2$ を得るための設計アンカー力 P_a (kN/m) は次のように算定される。

$$P_a = (F_{sp} \cdot W \cdot \sin \theta - c \cdot l - W \cdot \cos \theta \cdot \tan \phi) \div \{\cos(\theta + \alpha) + \sin(\theta + \alpha) \cdot \tan \phi\}$$
$$= (1.2 \times 859 - 5 \times 28.4 - 1843 \times \tan 20°) \div \{\cos(25° + 39°) + \sin(25° + 39°) \times \tan 20°\}$$
$$= (1031 - 142 - 671) \div (0.4384 + 0.8988 \times 0.3640)$$
$$= 285 \text{ kN/m}$$

図-7.27 の断面で水平方向のアンカー間隔を 2.5m ピッチとしたときの、1本当たりの設計アンカー力 T_d (kN/本) は次のように求められる。

　　$T_d = 285 \times 2.5 \div 2$

　　　　$= 356$ kN/本

前述した 500 kN/本以下の設計アンカー力であり問題ない、となる。

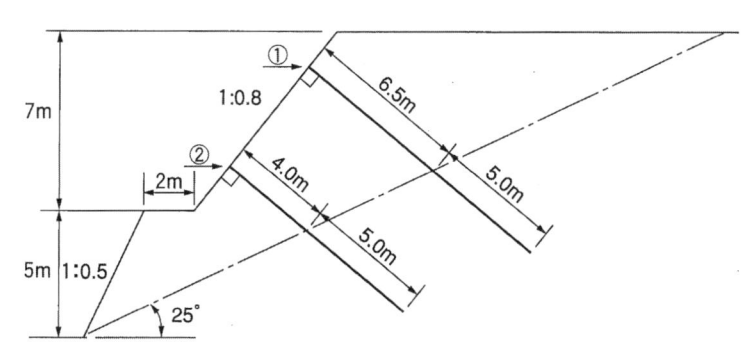

図-7.27　グラウンドアンカーの打設位置・角度

7.6 切土法面の計測と管理基準値

計測には大きく分けて地表面の計測と地中の計測がある。前者は安全のための監視などを目的とし、後者はすべり面の位置など主として設計データを得るための計測である。

法面の計測により変状がどのような状況のときに発生したかを知ることができ、その変状の種類や原因を推測して、的確な対策工を選定することができる。いつ変状が生じたかを知るためには、計測値が全く変化しない時期から計測が続けられ、動き出す時がわかる

ようにしておくことが重要である。しかし全く変化のない計測を人が測定を持続させるのは苦痛に近く、大抵は途中でやめてしまい、肝心な時のデータが欠落することがある。したがって計測は、専門家でなくても誰にでも変化が目に見える方法や、自動・自記で行うことが望ましい。

計測の機器は精密なものになればなるほど誤作動を生じやすい傾向があるので、誤作動による判定ミスを防ぐため必ず複数の計測器を設置するようにしたい。この場合、同じ計器を複数用いてもよいし、別の方法を加えても構わない。

また、計測を安全監視の目的で行う場合、どのような値になればどのような対応をするのか、という管理基準値が設定されていなければ意味がない。しかしどのような崩壊のケースにも適用できるような管理基準値というものは存在せず、実際の現場では頭を悩ませることが多い。

7.6.1 計測の方法

(1) 簡易な観測方法

誰が見ても変状がわかるような装置で、コストがかからず、早急に設置できる方法として図-7.28のような方法がある。(a)は法面の上部山腹など自然状態ではクラック発生の発見が難しい場所に浅い溝を整形し、そこにモルタルなどを塗布しておいて発見を容易にする方法である。(b)は動く可能性のある箇所を横断する形で杭を一直線に並べておき見通すことによって変化を察知する方法である。(c)は疑わしいクラックや段差がある場合両側から板を差し出しておいてそのズレがわかるようにしておく方法である。これらは精密なデータは得られないが目的は十分果たせる方法であり、かつ日常的に誰でもが確認できるのでこまめに設置することを薦める。

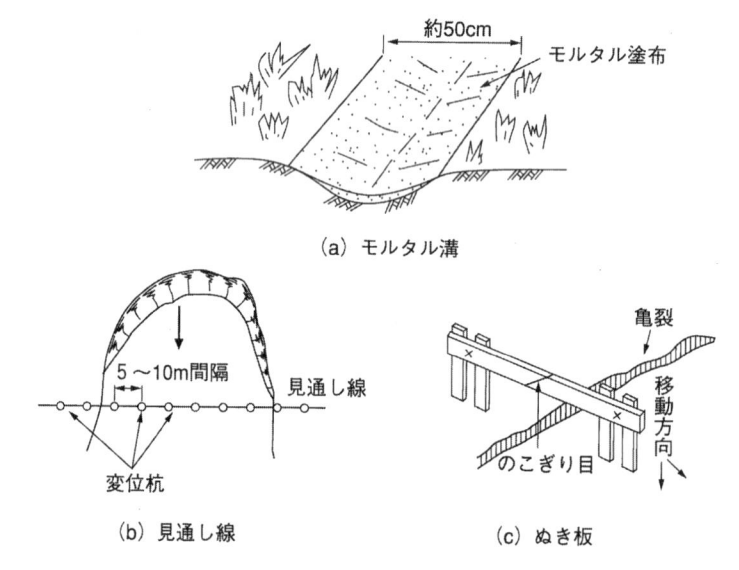

(a) モルタル溝

(b) 見通し線

(c) ぬき板

図-7.28 簡易な動態観測方法[5]（古部原図）

(2) 地表変位量の計測方法

地表変位量の計測は、上述の簡易な動態観測方法のほかに次のような計器による方法がある。

i) 伸縮計

最も多用されている計測器で、一定期間で記録紙を取り替えることで、自記記録する。測定原理は図-7.29に示すが、変位すると思われる地点の杭と不動点と考えられる箇所の間にインバー線を張っておき、もし杭が移動すればインバー線を経て計器のドラムが回転し、移動量が記録される。ぜんまい仕掛けで記録ペンが時間とともに移動する構造になっており、一定期間自記記録する。記録紙を交換する必要のない自動記録タイプもある。

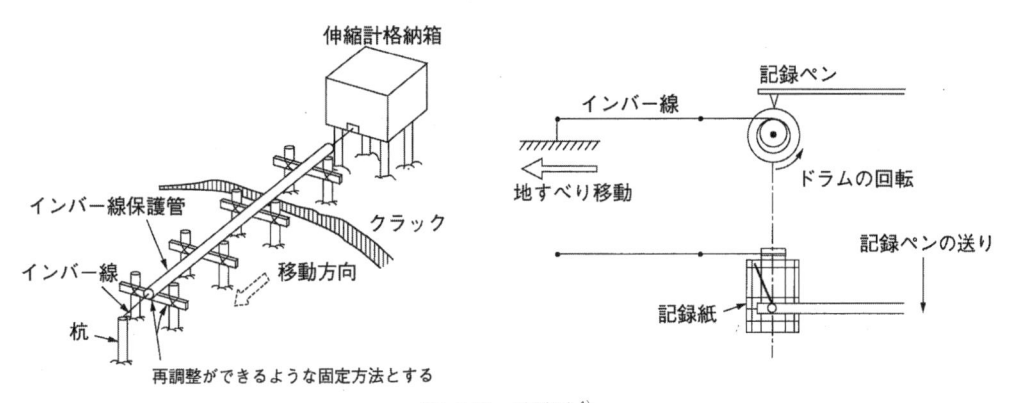

図-7.29 伸縮計[1]

ii) 傾斜計

地すべりによる地盤の傾動を測定するものであるが、変位量を記録するものではないため、最近はあまり用いられなくなっている。水管傾斜計と呼ばれる計器の原理は、気泡の入った2基の水管を十字型に設置して傾きの方向と量を検知するものである。電気式の傾斜計もある。

iii) トランシット

図-7.28（b）のように木杭などの測点を連ねた見通し測線にトランシットを設置して、各測点の変位量を計測する方法である。

iv) 光波測距儀

対象地の対岸など遠隔地から光波測距儀により地表の変位量を計測する方法である。測距儀からの光波の往復時間により変位量の変化が計測される。対象地側の測点には、光波の反射性能を確実にするためターゲットを設置しておく。ターゲットにはプリズムやシートなどがある。光波測距儀は不動点となり得る場所を選定して設置し、誤差を小さくするために設置したままの状態であることが望ましい。データとしては距離のほか角度（上下および左右）も得られるがそれらの精度は悪いと考えたほうがよい。

この光波測距儀による自動観測がある。これは上下および回転が可能なギアの上に光波測距儀が載っており、コンピュータ制御によって複数のターゲットを探し計測するシステ

ムである。図-7.30にそのシステムの例を示す。

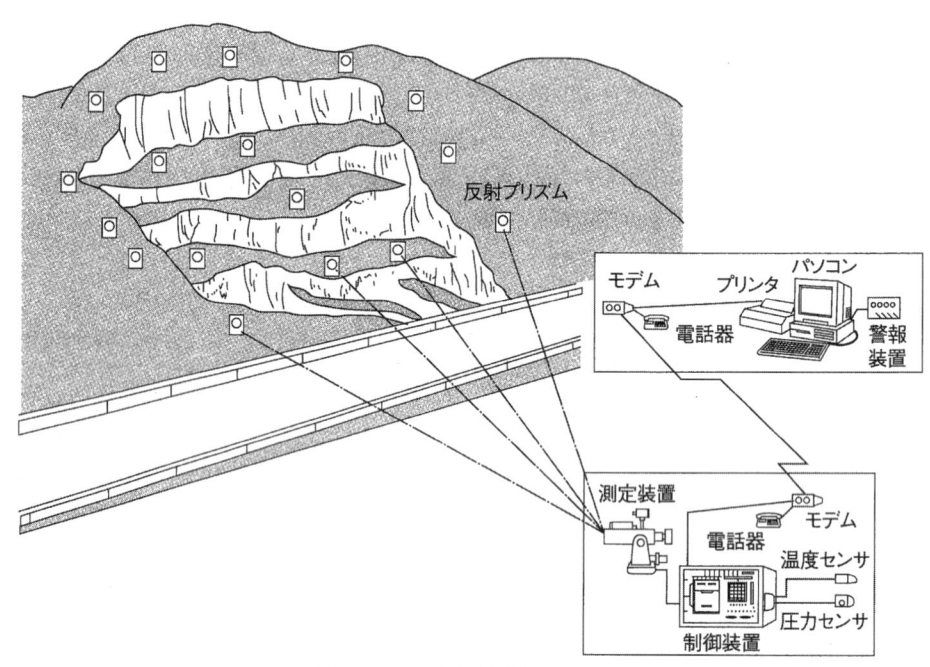

図-7.30　自動光波測距システム

v) GPS

全地球的測位システム（Global Positioning System）と称される人工衛星を利用した測量システムである。図-7.31のようにGPS衛星から届く電波をGPSセンサーで受けて、

図-7.31　GPSによる計測管理[6]

その時間差を解析することにより受信位置の三次元座標（緯度・経度・標高）を求める。mm～cm 単位の計測が可能であり地すべりや法面を対象とした観測への適用が増えている。

(3) 地中の変位

対策工の設計で必要なすべり面の位置を知るために、地中の変位が計測される。崩壊初期の微小な変位を検知する目的のこともある。計測器はボーリング孔内に設置され、次のような方法がある。

i) 孔内傾斜計

孔内傾斜計は、地中の変位計測の中で最も多く用いられている方法である。ボーリング孔内に設置した溝付きガイド管の傾斜を一定深度ごとに測定し、最下部を不動とみなして下から傾斜量を累積することにより変位量に換算する。図-7.32 に示すように挿入型と定置型とがあり、後者は計器の数が多くなってコストはかかるが自動計測が可能である。

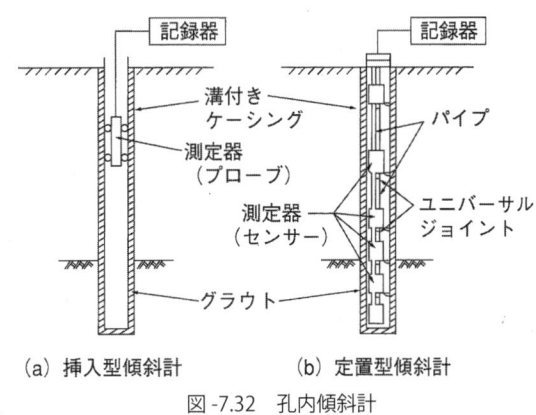

図-7.32　孔内傾斜計

ii) パイプひずみ計

塩ビパイプにひずみゲージを貼付してボーリング孔内に設置し、地すべりの動きによるパイプの変形をひずみで計測するものである。孔内傾斜計と同様、最下部を不動とみなして変位量に換算する。自動計測が可能である。

iii) 孔内伸縮計

前述の伸縮計のインバー線をボーリング孔内に下ろし、孔底に固定して地表との相対変位量を計測する方法である。この方法は地表と孔底の間の相対的な動きはわかるが、すべり面の位置を知ることはできない。また、すべり方向の実変位量とはならない。

iv) 岩盤変位計

ボーリング孔内の複数の箇所に設けた固定点と地表との相対変位量を変位伝達ロッドを介して測定する方法である。相対変位量の違いの大きい区間がすべり面位置となる。岩盤法面やトンネル・地下空洞の壁面で用いられることが多い。正確なすべり面などはわからないが、どの測点とどの測点の間に変化点があるということがわかる。自動計測が可能である。

この方法での記録データをグラフに表現し、考察するときには、各測点と地表との相対変位であるという測定原理を理解しておくことが必要である。

(4) 特殊な計測

現在はまだ広く普及しているとはいえないが、今後使用されることが期待される方法と

して、次のものがある。

i) 光ファイバセンサ

　光ファイバがひずみを被ると入射光とは異なる波長となる特性を利用し、これをセンサとして地表の変位や杭・アンカーなどの挙動を検出するものである。計器の劣化問題や、設置が容易などの利点から注目されている。

ii) AE法

　AE（Acoustic Emission）とは、非可聴領域（20kHz以上の超音波）の弾性波動をいい、ひずみエネルギーの解放に伴いその一部が弾性波として放出される現象である。AE法とは、終局破壊前のミクロな破壊による微少振動を検出する方法で、法面崩壊の発生前に危険性を判断する方法である。北海道の豊浜トンネルや第二白糸トンネルでの岩盤崩落事故を契機にAE法の適用がさかんに検討されてはいるが、ノイズの消去などまだ解決すべき問題が多く、現状ではまだ実用的にはなっていない。

iii) 温度（熱赤外線映像）

　モルタル吹付法面の表面温度状態を熱赤外線映像により測定し、吹付背面の空洞の存在などを推定する方法である。広範囲の点検を効率的に行うための方法として期待されている。

iv) アンカーの荷重計

　法面安定のために施工されるグラウンドアンカーのうち、何本かにアンカーの荷重計を設置する。施工後の荷重データは一般には緊張時よりも低下するが、これが上昇に転じたときには実際に力がかかってきた証拠であり、要注意の現象である。

7.6.2 計測結果の整理

　計測結果は、基本的には経時変化図に表現し、地中変位測定結果は深度分布図とする。計測結果を図示する場合の注意点は次の通りである。

- 複数の計測（同種・他種とも）を並べて図示する
- 工事のイベント、気象・地震の情報も計測結果と並べて示す
- 縦横の縮尺を自由に変えられる（変化の勾配を見やすくする）ようにパソコンで図化する

　計測結果の経時変化図の例を図-7.33に示す。

　近年、施工現場における情報化施工の重要性が指摘されていることがあり、図-7.34に示すような、多種多様な計測機器のデータを自動統合して、インターネットを利用してリアルタイムに関係者へ配信する、斜面計測監視ICTシステムが開発されている。

7.6.3 管理基準値

　計測を実施するからには、その管理基準値が準備されていなければならないが、これが難しい。対象とする規模や地盤地質などによって変位のしかたが異なるためである。図-7.35は変位速度で管理している事例からまとめたものであるが、これらは理論的根拠が

7. 法面と地盤地質　121

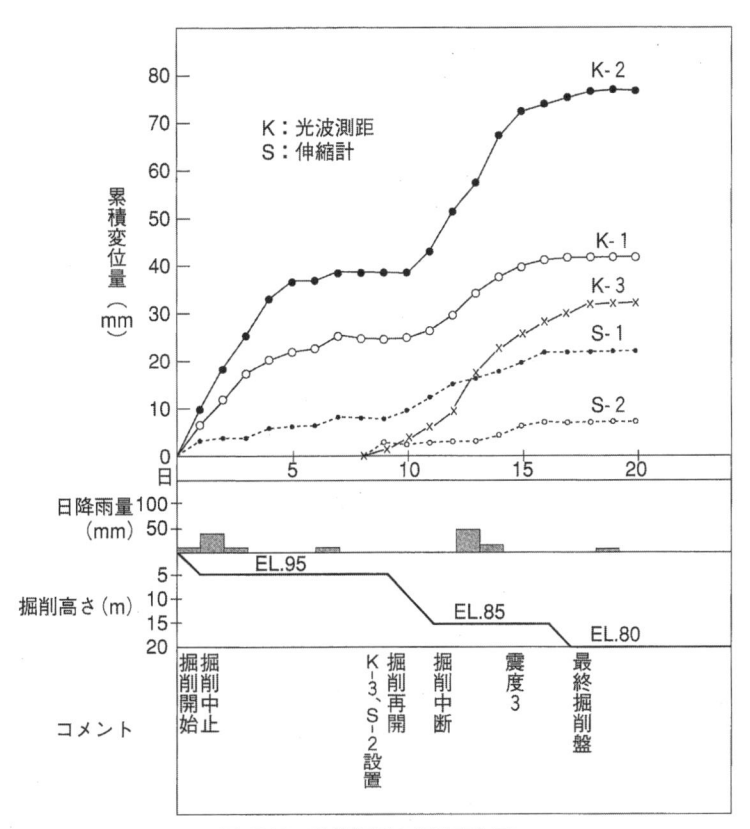

図-7.33　動態観測の経時変化図

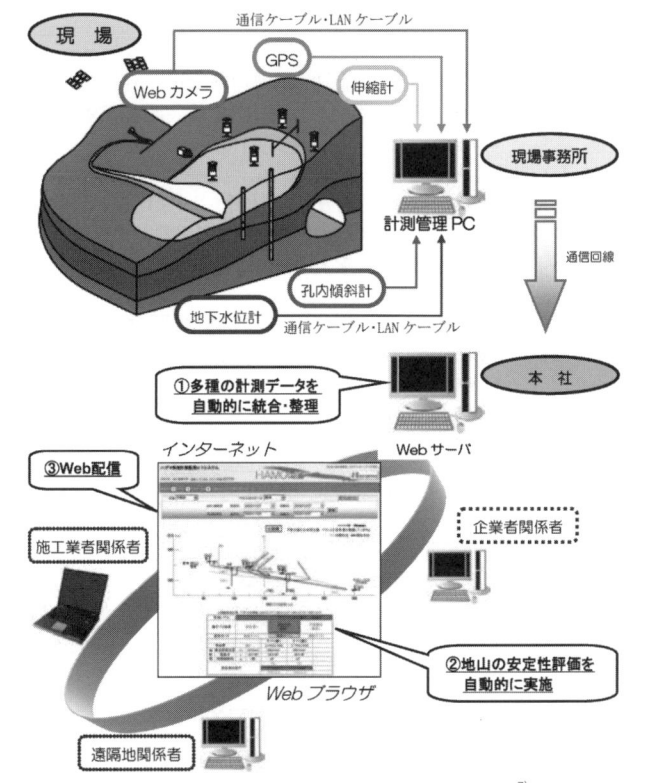

図-7.34　斜面計測監視 ICT システムの概念図[7]

あるわけではなく、経験上の設定である。参考値を挙げれば、変位速度が 1mm/ 日であれば対策検討開始、10mm/ 日なら立入禁止処置、50mm/ 日になると厳重警戒というような対応である。

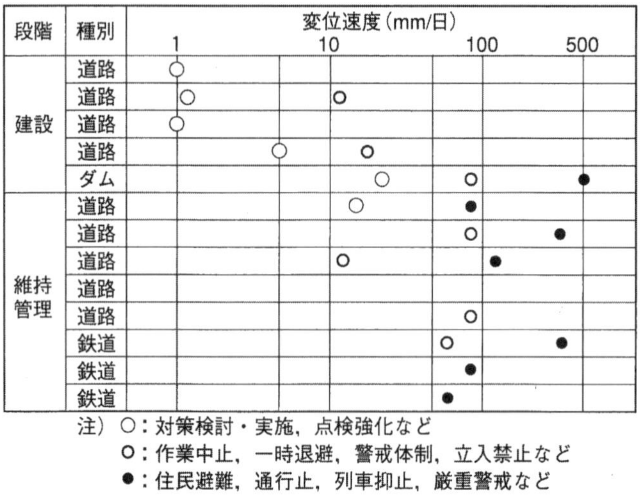

段階	種別	変位速度(mm/日) 1 / 10 / 100 / 500
建設	道路	◎
	道路	◎　　○
	道路	◎
	道路	◎　○
	ダム	◎　○　　●
維持管理	道路	○　●
	道路	○　●
	道路	○　●
	道路	
	道路	○
	鉄道	○　●
	鉄道	●
	鉄道	●

注）◎：対策検討・実施、点検強化など
　　○：作業中止、一時退避、警戒体制、立入禁止など
　　●：住民避難、通行止、列車抑止、厳重警戒など

図-7.35　地表変位速度による処置の分類[4]（古部原図）

〔引用文献〕
1) 地盤工学会：地盤工学実務シリーズ5 切土法面の調査・設計から施工まで、1998
2) 松吉謙雄ほか：流れ盤すべりとその考察、応用地質学会昭和59年度研究発表会予稿集、1984
3) 出納和基夫：スイス・フルカ峠のクリープ地形、応用地質、Vol.40、No.2、1999
4) 日本道路協会：道路土工－のり面工・斜面安定工指針、1989
5) 高速道路調査会：地すべり危険地における動態観測施工に関する研究、1989
6) 緒方辰男ほか：GPS自動計測サービスを利用した地すべり計測事例、土木施工、Vol.47、No.6、2006
7) 山本浩之ほか：斜面計測監視ICTシステム「ハモニス」の開発と適用例、電力土木 No.346、2010

8. 演習問題

　ここでは、内容の理解を助けるために簡単な演習問題を揃えた。それぞれの解答あるいは解説は本文中に示している。

1．地質基礎知識の施工への応用例

[問題1]　下図のように坑口Aには花崗岩，坑口Bには安山岩が露出しているトンネルの計画がある。他の条件は両坑口とも同じとすれば，どちらから掘っていくのが容易で安全な施工になると考えるか？　その理由も述べよ。

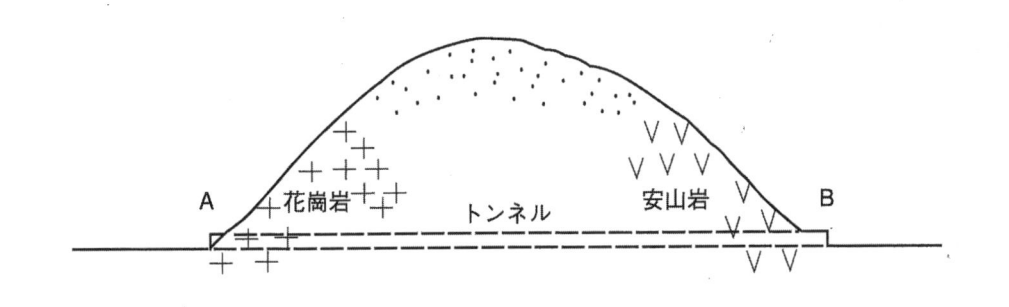

[ヒント・解答]　このヒントは表-1.6から花崗岩と安山岩の関係をどう読み取るかということと，トンネル掘削の状況を想い浮かべることである。答えは1.1にある。

2．走向・傾斜に基づく作図

(1) 走向・傾斜の求め方

[**問題2**]　下図は地形図の中にNo.1～3の3本のボーリングがあって，その柱状図に断層確認位置が示されているものとする。これらはいずれも同じ断層であると仮定し，かつ単一な平面をなしているものとしてこの断層の走向・傾斜を求めよ。なお，この図はコピー機で141%に拡大すれば，縮尺1：2000の図になるので作図がしやすくなる。

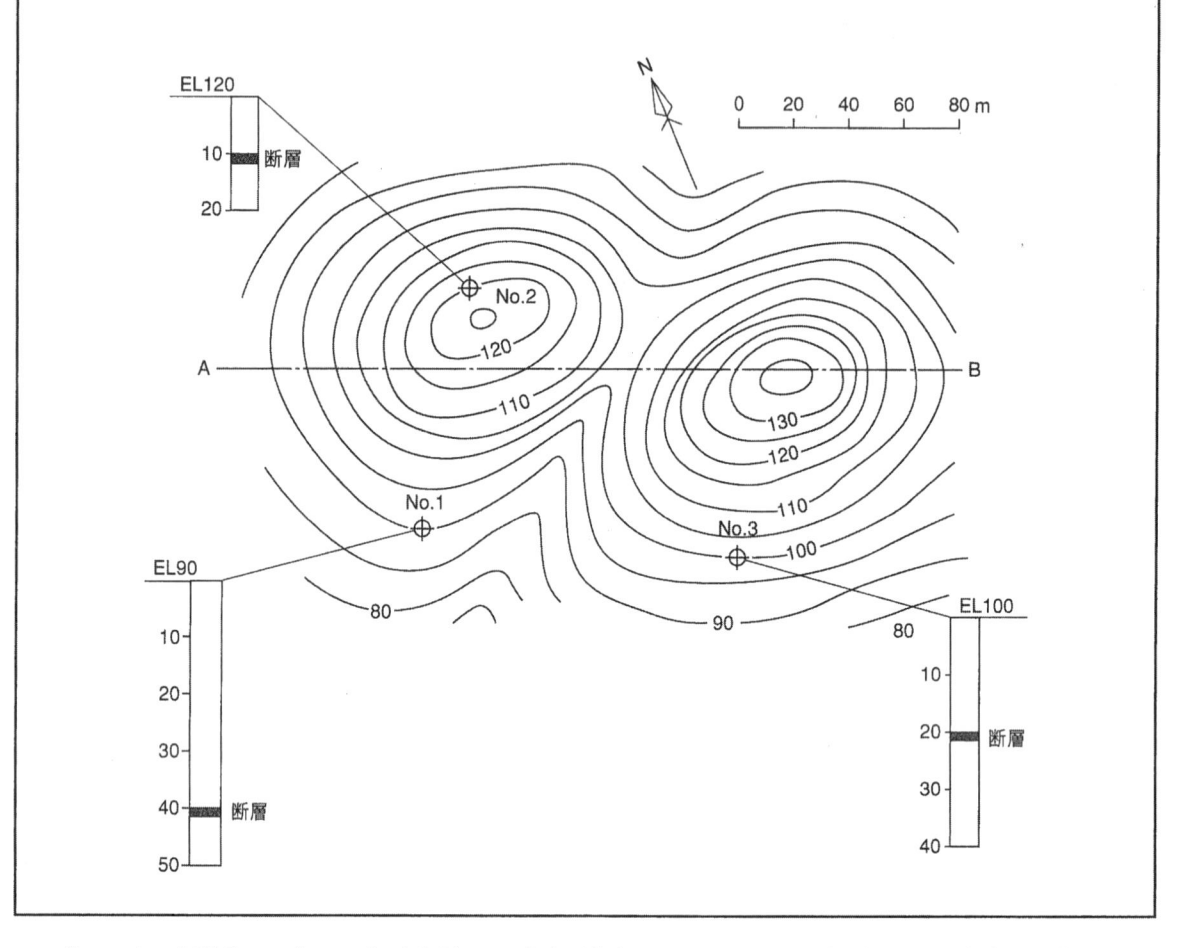

[**ヒント・解答**]　3点の3次元座標から平面が決定される。その平面を作図し，走向・傾斜で表現する。解答は2.1.3(3) i) ～ii) にある。問題3のための予備作業である。

(2) 地表露頭線の作図

[問題3] 問題2で求めた走向N40°W・傾斜35°SWの断層の地表露頭線を下の地形図に作図せよ。またA－B方向の地形および断層の断面図を作成せよ。図は同じく141％に拡大して用いる。

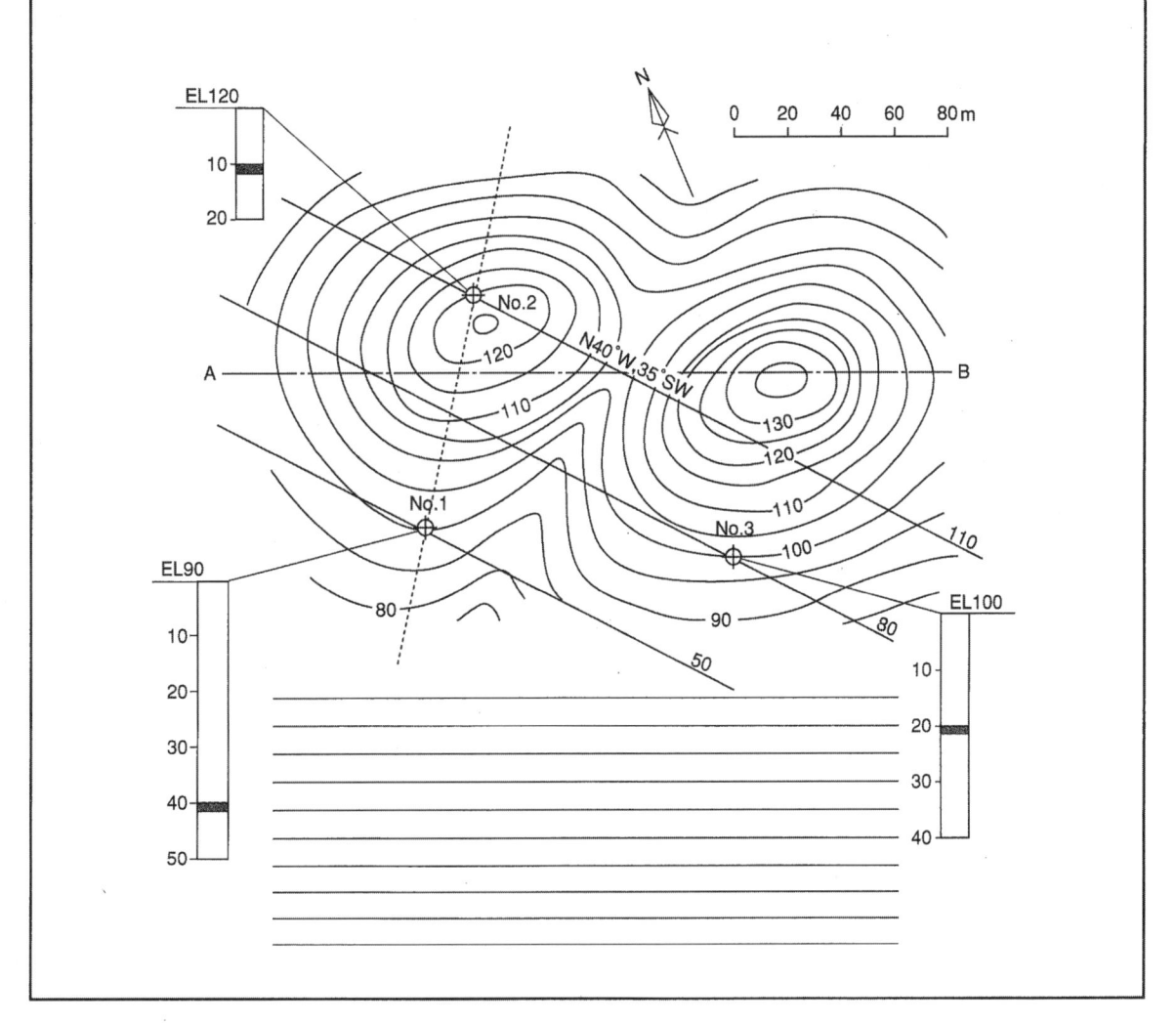

[ヒント・解答] 問題2で作図された平面が地表に飛び出す位置を求めるものである。平面が有する各標高と同一標高の地形等高線との交点を求めればよい。断面図での断層は偽傾斜（4.4.4(1)参照）となる。解答は2.1.3(3)iii)にある。

3．岩盤載荷試験からの変形諸係数の算定

[問題4] 下図は岩盤載荷試験における荷重-変形量曲線であるとする。これより変形係数D，接線弾性係数E_t，割接線弾性係数E_sを以下の条件で求めよ。

載荷板直径は300mm，ポアソン比νは0.35とする。

各係数の算定区間は次の通りとする。

　　変形係数 D：階段載荷処女荷重時の25〜50kNの区間

　　接線弾性係数 E_t：繰返し載荷第1サイクルの30〜50kNの区間

　　割接線弾性係数 E_s：繰返し載荷第3サイクルの5〜50kNの区間

変形量は図の目盛から1/1000mm単位で読み取る。

この図は167%に拡大すると読み取りやすい目盛となる。

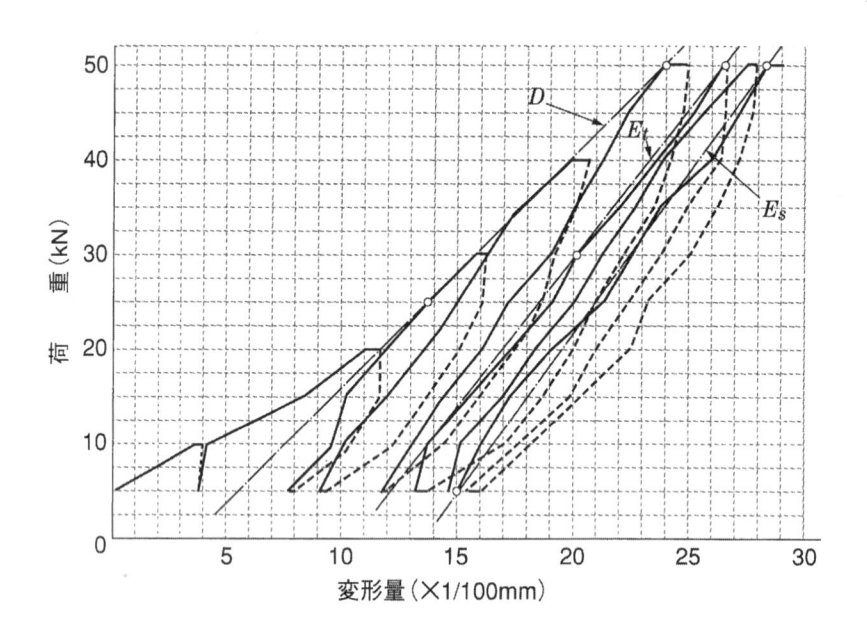

[ヒント・解答]　岩盤載荷試験結果から，変形諸係数を算定する方法の理解である。E_tとE_sは一般には3回繰返しの平均とすることが多いが，ここでは指定している。算定式は次の通りである。

$$D,\ E_t,\ E_s = \frac{1-\nu^2}{2a} \times \frac{\varDelta F}{\varDelta \delta}$$

解答は2.2.2(6)に示す。

4. 岩盤せん断試験からの τ_0、ϕ の算定

[問題5] 下の表は岩盤せん断試験の結果である。供試体寸法は600 mm×600mmで，せん断載荷方向は15°下向きであったとする。この表の空欄各値を算定し，最小二乗法によってせん断強度（τ_0, ϕ）を求めよ。また，図に各供試体の結果をプロットし，σ-τの直線を描け。

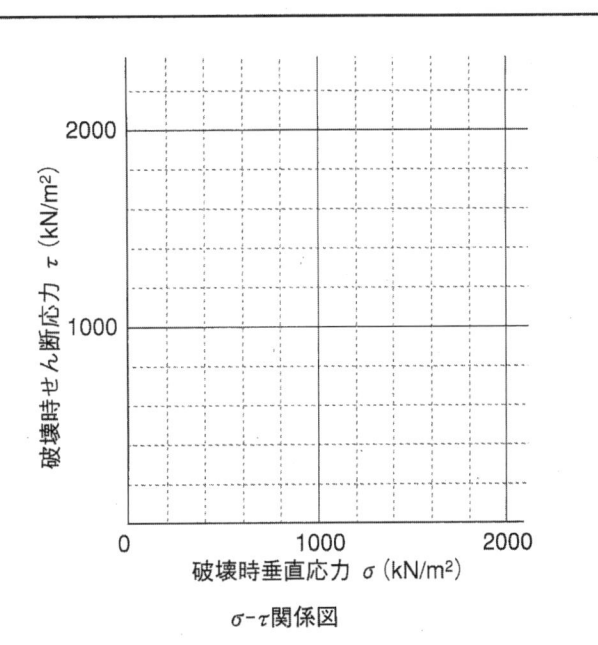

σ-τ関係図

岩盤せん断試験結果算定表

供試体 No.	垂直荷重 N(kN)	せん断破壊荷重 T(kN)	破壊時垂直応力 σ(kN/m²)	破壊時せん断応力 τ(kN/m²)	$\sigma_i - \bar{\sigma}$ / $\tau_i - \bar{\tau}$	$(\sigma_i - \bar{\sigma}) \times (\tau_i - \bar{\tau})$	$(\sigma_i - \bar{\sigma})^2$
1	200	550					
2	300	690					
3	400	720					
4	500	850					
平均			$\bar{\sigma}=$	$\bar{\tau}=$	Σ		

[ヒント・解答] 岩盤せん断試験結果のまとめ方と，それを使ってのせん断強度（τ_0, ϕ）を求める方法の理解である（解答は2.2.3(6)）。せん断破壊荷重を，せん断面に垂直な成分と平行な成分とに分けるところがポイントである。垂直応力σとせん断応力τは次式で算定する。

$$\sigma = \frac{N + T \cdot \sin\theta}{S} \qquad \tau = \frac{T \cdot \cos\theta}{S}$$

最小二乗法による平均値の算定は次式による。

$$\tan\phi = \frac{\sum\{(\sigma_i - \bar{\sigma}) \cdot (\tau_i - \bar{\tau})\}}{\sum\{(\sigma_i - \bar{\sigma})^2\}} \qquad \tau_0 = \bar{\tau} - \bar{\sigma} \cdot \tan\phi$$

5．ヘニーの式

[問題6] 下図はコンクリート重力式ダムの基本三角とする。基礎地盤のせん断強度は問題5で求めた$\tau_0=807\mathrm{kN/m^2}$，$\tan\phi=0.7299$として，ヘニーの式により安全率を求めよ。堤体の単位体積重量は23kN/m³とし，動的な力および揚圧力は考慮しなくてよい。

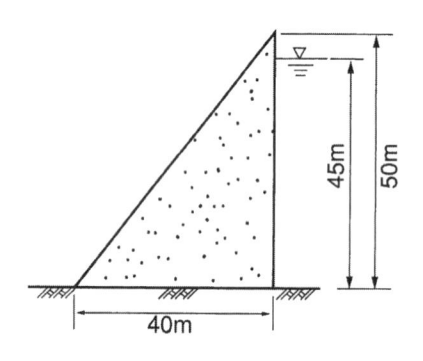

[ヒント・解答] コンクリート重力式ダムのヘニーの式は堤体底面での力のつり合い（堤体にかかる力と抵抗する力の比）で求めることを理解する。ヘニーの式は次の通りである。

$$\frac{\tau_0\cdot L+f\cdot V}{H}\geqq n=4.0$$

解答は3.2.1にある。

6. 断層置換えプラグの所要深さの算定

[問題7] 図の断層の幅Bが2mであるとき，断層両側の袖部の幅bを0.5m，両側法面の勾配を示すmを1.0として，安全率$n>4$となるプラグ掘削深さdを求めよ．諸条件は，問題6のコンクリート重力式ダムの安定計算（ヘニーの式）の際の条件（$V=2.3×10^4$kN/m，$H=9.9×10^3$kN/m，$f=0.7299$，$\tau_0=807$kN/m²，$l=40$m）と同一とする．計算は$d=2$mから開始し，0.5m刻みで計算せよ．

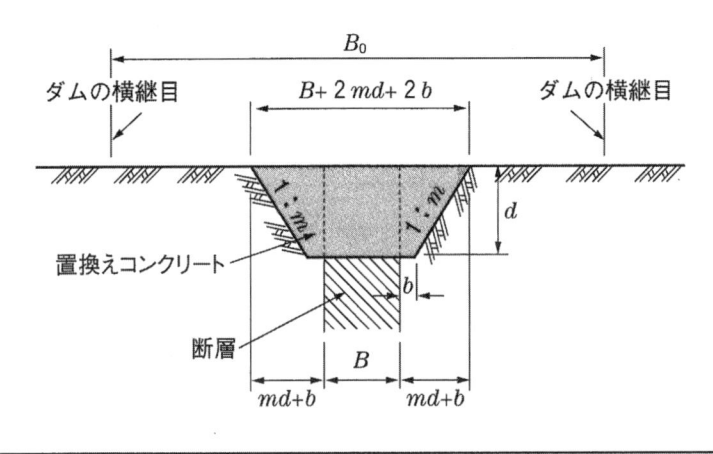

[ヒント・解答] 断層置換えプラグの所要深さは次式で算定される．これに数値を代入すればよい．

$$d=\frac{n\cdot H-f\cdot V}{2\sqrt{1+m^2}\cdot \tau_0\cdot l}$$

これよりdを算定できるが，この問題では安全率$n>4$との関係を理解するために，$d=2$mから始めて，0.5m刻みでチェックするようにした．解答は3.3.2にある．

7．グラウチング

(1) ルジオンテスト

[問題8] 下表はルジオンテストで求められた計器圧力とそのときの透水量である。このステージは地下水位以下で，ポンプと地下水位には18mの高低差（176kPa）があるものとし，ステージ長は5mとする。表の空欄を埋めよ。

ルジオンテスト結果

計器圧力P'(kPa)	有効圧力P(kPa)	透水量Q(l/min)	単位透水量Q/L(l/min/m)
200	376	16.2	3.24
400		24.6	
600		33.1	
800		43.3	
1000		59.0	

作成した表を基に図のP-Q曲線を作成し，その図から限界圧力を求めよ。また初期直線からルジオン値（単位：Lu）を求めよ。

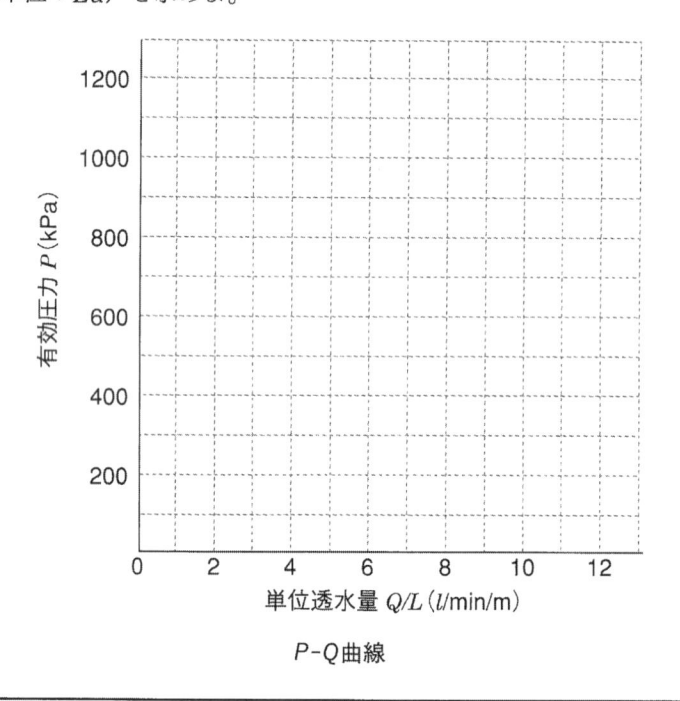

P-Q曲線

[ヒント・解答] ルジオンテストにおける有効圧力の考え方，限界圧力・ルジオン値の求め方を理解する。有効圧力は計器圧力に地下水位分（176kPa）をプラスし，単位透水量はステージ長（5m）で除す。図示した際の折れ曲がり点から限界圧力を求め，初期直線上の値からルジオン値を求める。解答は3.3.3(3)にある。

(2) 注入実績

[問題9] グラウチングの配合切替え基準を表-Aのように定めたものとする。グラウチングを低濃度から開始して，最大注入量に達したら次の濃度に切り替える。配合表に従って配合を切り替えながら注入した結果，最終の1：1濃度が500lで終了した。グラウトに用いたセメントは，高炉セメントB種（セメント単位容積質量3.0kg/l）で，そのグラウト配合表は表-Bである。

これよりこのステージにおける単位注入セメント量（kg/m）を求めよ。

表-A　配合切替え基準例

配合 W/C（水・セメント比）	10	8	6	4	2	1	合計
最大注入量（l）	600	600	1000	1000	1000	2000	6200

表-B　1000 l 当たりグラウト配合表

配合（水・セメント比）	10	8	6	4	2	1
水容量（l）	967.7	960.0	947.3	923.0	856.8	749.0
セメント容量（l）	32.3	40.0	52.7	77.0	143.2	251.0

[ヒント・解答] グラウチングにおける配合やその切替え基準を理解し，注入セメント量を求める。グラウトの W/C（水・セメント比）とはセメント1に対して水をどれだけ混ぜるかの質量比である。解答は3.3.3(7)にある。

8．仮設構造物基礎の安定

[問題10] タワークレーン基礎に断層が出現したと想定して，その安定計算を行う。図-Aがタワークレーンのポストを設置する予定位置の断面図とする。基礎コンクリートの奥行きの幅は6mとする。この基礎地盤に断層の存在が確認されたものとし，その安定性を施工段階ごとに検討する。施工段階は，まずすべり土塊荷重（W_1），次いで基礎コンクリート荷重（W_2），ポスト荷重（W_3）と順次加わり，最後に吊り最大時荷重（W_4）がかかる。いずれの段階も安全率1.2以上を確保するものとする。

安定計算は図-Bのように想定すべり面沿いにすべろうとする力とすべりに抵抗する力とのつり合いを考えるものとする。すべり面の強度は$\phi=20°$（$\tan\phi=0.3640$），$c=50kN/m^2$と仮定する。

以上の条件で，施工各段階の安定計算を行え。所定の安全率が得られない場合，その対策はどうするかも答えよ。

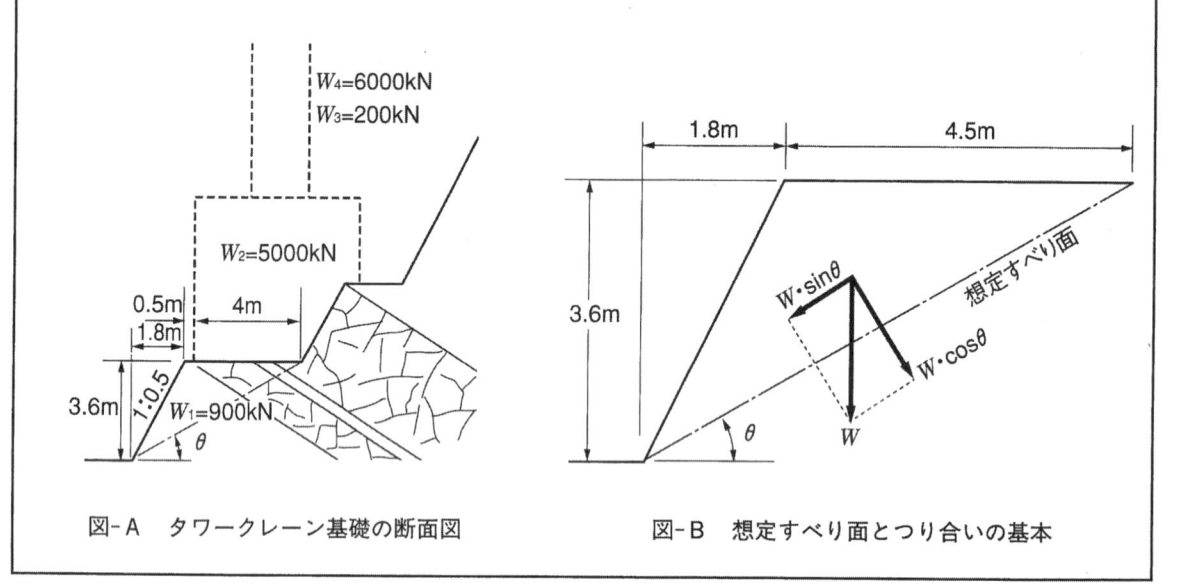

図-A　タワークレーン基礎の断面図

図-B　想定すべり面とつり合いの基本

[ヒント・解答]　仮設構造物基礎の安定は，すべり面を仮定してその面上での力のつり合いから判定することを理解する。算定は次式を用いる。

$$F_s=\frac{W\cdot\cos\theta\cdot\tan\phi+c\cdot S}{W\cdot\sin\theta}$$

このWをW_1，W_1+W_2，$W_1+W_2+W_3$，$W_1+W_2+W_3+W_4$と順次変えて安全率を求め，1.2以上であるかどうかをチェックする。解答は3.5.2に示す。

9. 走向・傾斜とトンネル前方予測

(1) シュミットネットからのトンネル切羽予測

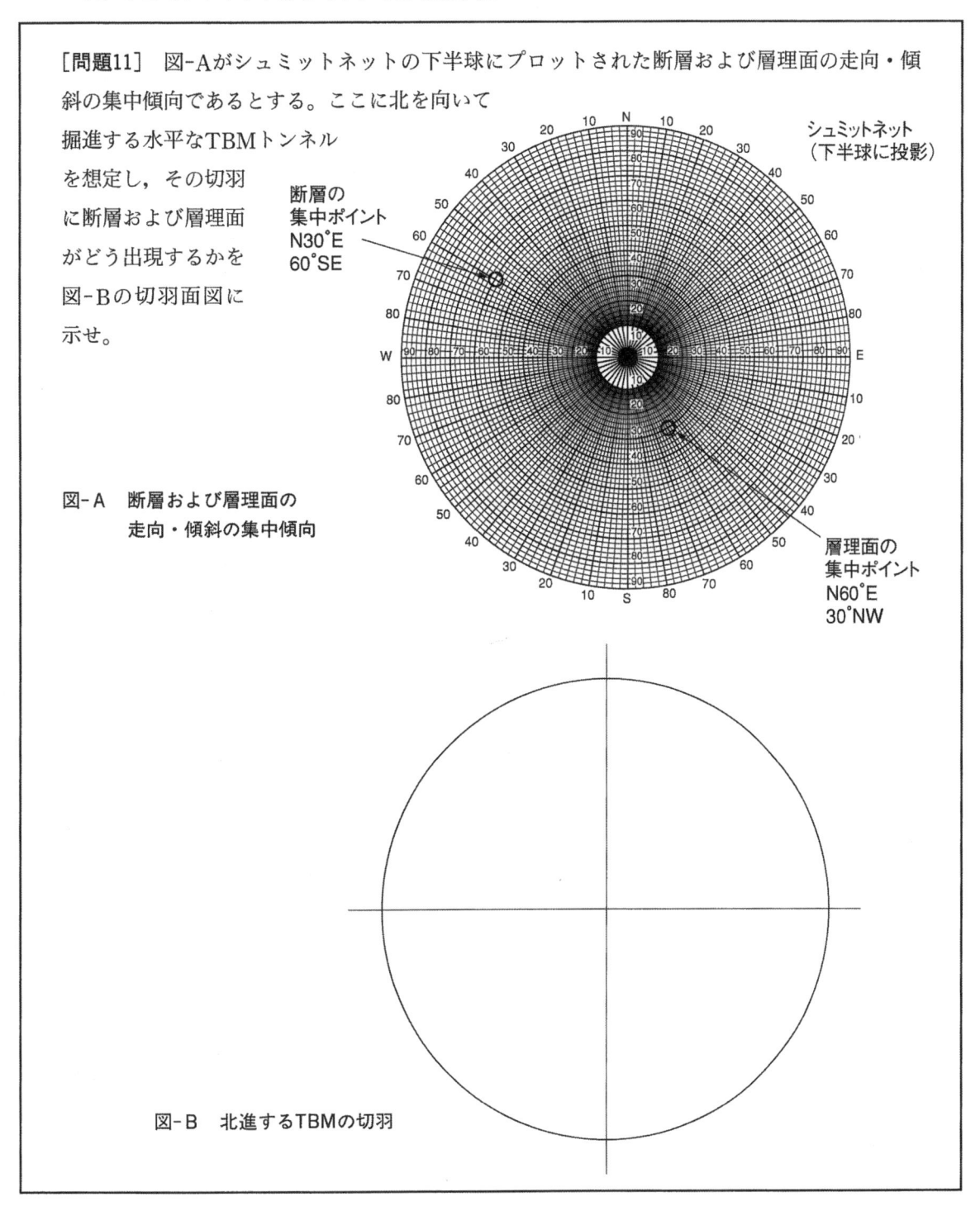

[問題11] 図-Aがシュミットネットの下半球にプロットされた断層および層理面の走向・傾斜の集中傾向であるとする。ここに北を向いて掘進する水平なTBMトンネルを想定し，その切羽に断層および層理面がどう出現するかを図-Bの切羽面図に示せ。

シュミットネット（下半球に投影）

断層の集中ポイント N30°E 60°SE

層理面の集中ポイント N60°E 30°NW

図-A 断層および層理面の走向・傾斜の集中傾向

図-B 北進するTBMの切羽

[ヒント・解答] シュミットネットの概念を理解することと，それをトンネル切羽への予測にどう使うかである。シュミットネットの解説は1.2.4，偽傾斜の解説は1.2.5にあり，上記設問の解答は4.4.4(1)に示す。

(2) トンネル前方予測

[問題12] それまでに掘削してきた状況から例えば断層の走向・傾斜の傾向がわかっていて，その断層が実際に切羽のどこかに出現しかけてきた場合，今後の掘削にどう展開していくかを予測する。

幅3m，高さ3mの正方形断面でN45°Eの方向に進んでいるトンネルとする。すでに掘削してきた箇所から断層の傾向は走向N20°E，傾斜30°SEが卓越していたものとし，坑口から100m地点の切羽において右肩の隅部に断層が出現しかけてきたものとする。

この状況からトンネル中心の平面図・縦断面図（図-A）と，103，108，113mの各位置の横断面（切羽）図（図-B）を作成せよ。

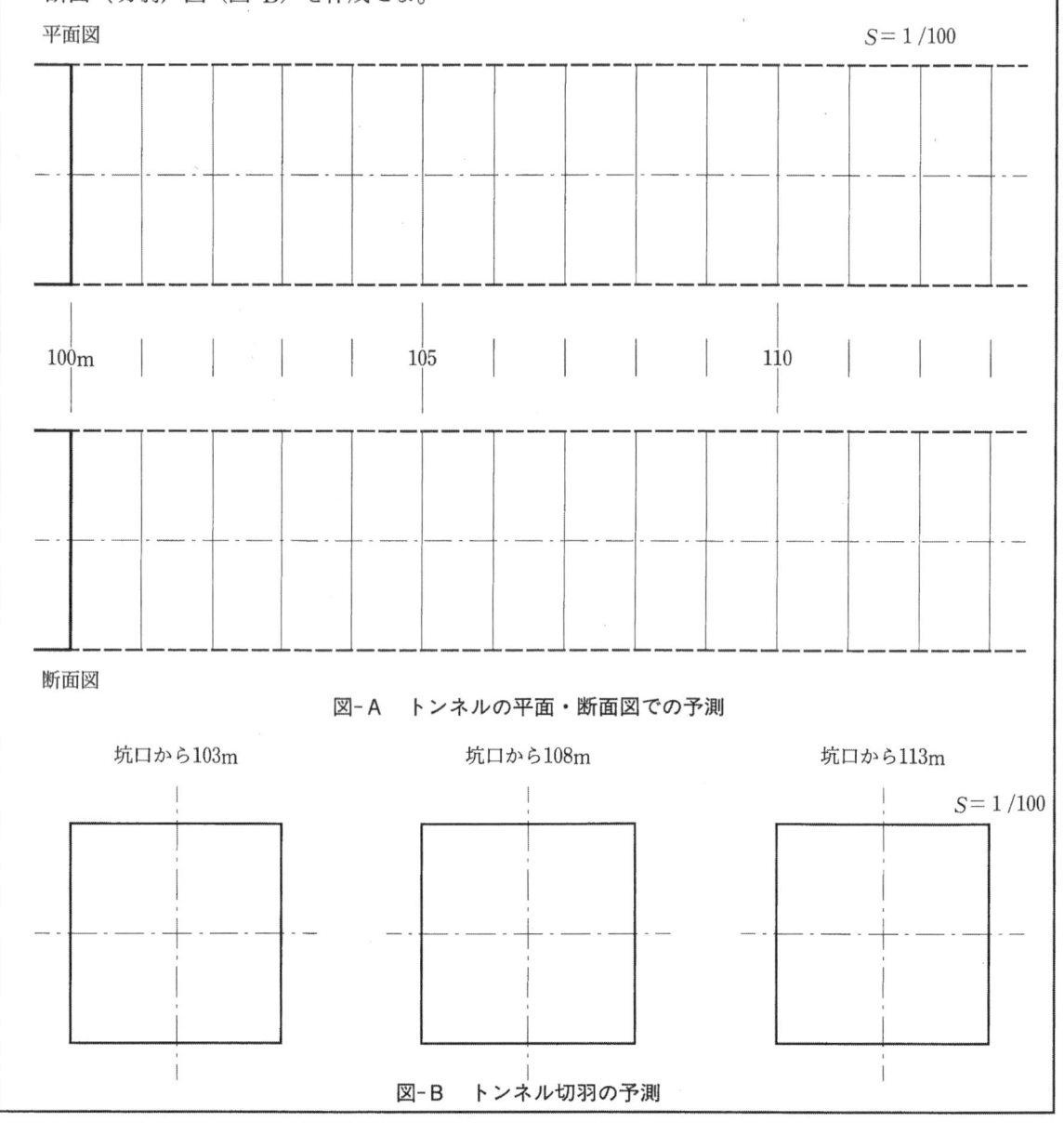

平面図　　　　　　　　　　　　　　　　　　　　　　　　　　　　　　　　　S＝1/100

100m　　　　　　　　　　　105　　　　　　　　　　　110

断面図

図-A　トンネルの平面・断面図での予測

坑口から103m　　　　　坑口から108m　　　　　坑口から113m

S＝1/100

図-B　トンネル切羽の予測

[ヒント・解答] トンネル切羽に出現しかけた断層が，今後どう展開するかを作図によって予測する方法の理解である。解答は4.4.4(2)に示す。

10. 掘削形状の作図

[問題13] 下の地形図に示した位置に標高100mの平地を造成するために，表の3つの法面で切り下がるものとする。法面の平面形状を作図せよ。図は，141％に拡大し縮尺1：500で用いる。

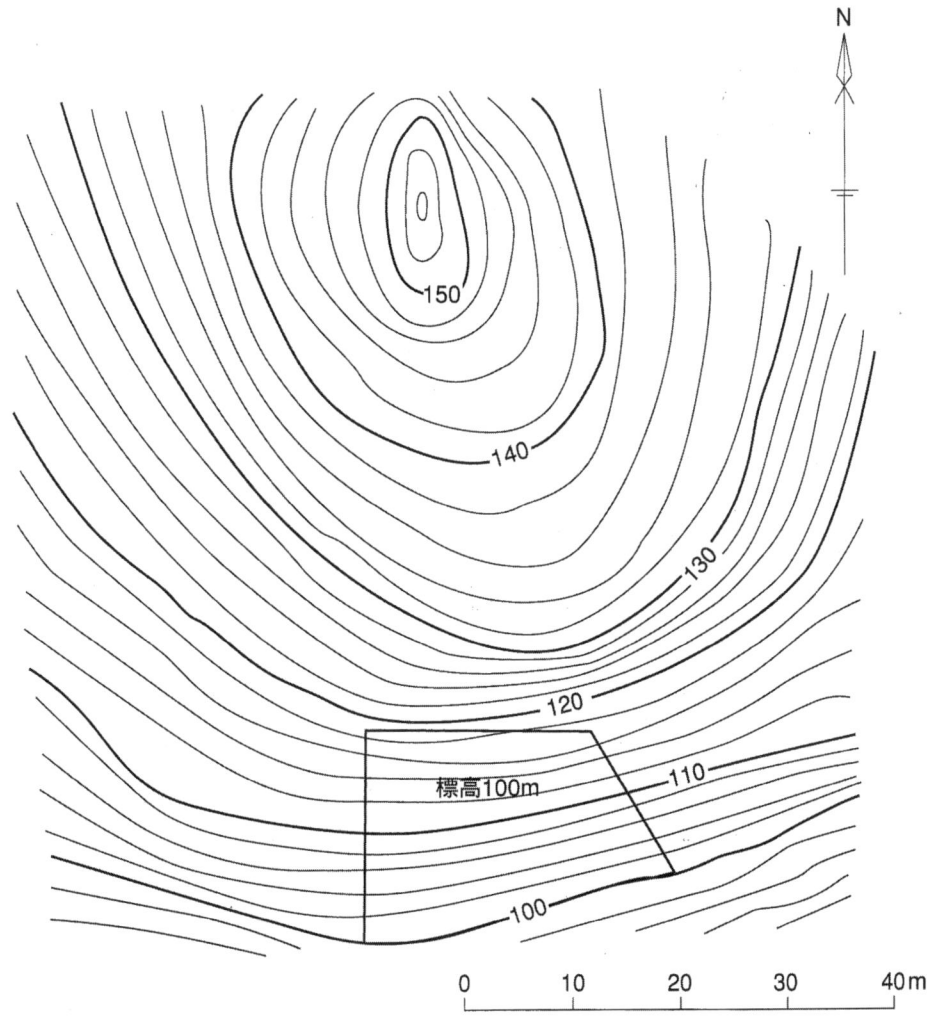

表 法面設計例

	法面勾配	ステップ間隔	ステップ幅
東向き法面	1：1.2	10m	2m
南向き法面	1：0.8	10m	3m
西向き法面	1：1.0	10m	2m

[ヒント・解答] 法面の作図の基本を理解することである。各勾配でステップ間隔（10m）を上がったときの位置の作図と隣接する法面との関係を考える。解答は7.1に示す。

11. 流れ盤すべりの判定

[問題14] 下図のように走向N40°W・傾斜35°NEの片理面が卓越する結晶片岩の分布地域に屈曲する道路を施工するため10面の法面（①〜⑩）が計画されているものとする。

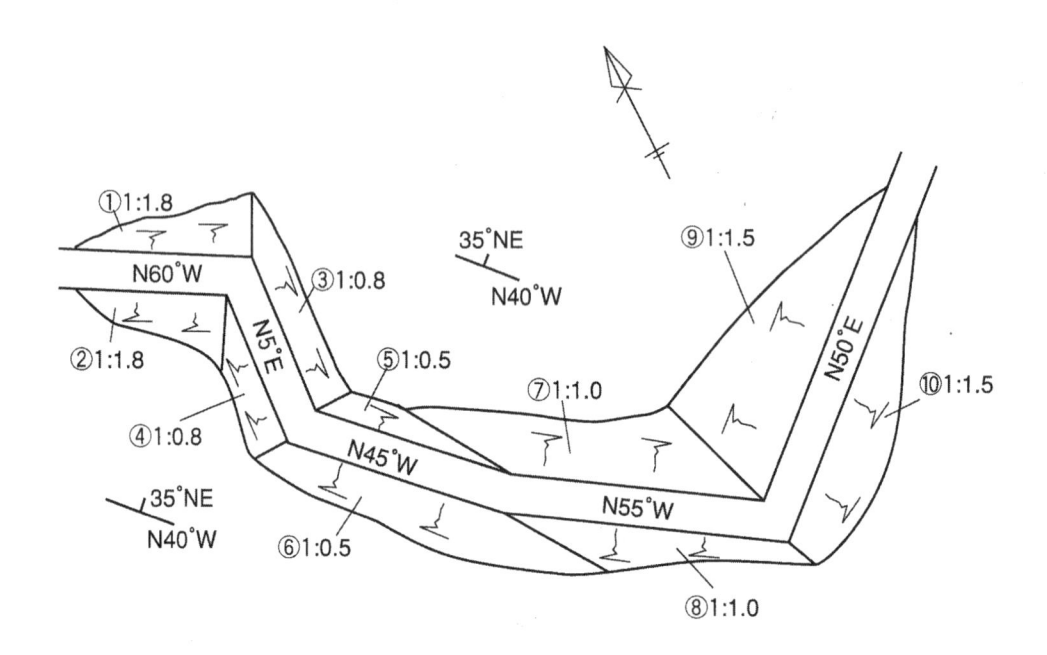

図-7.12の流れ盤すべり判定フローに従って，各法面で考えられる崩壊形態を下表に示せ。

流れ盤すべり判定表

チェック項目	①	②	③	④	⑤	⑥	⑦	⑧	⑨	⑩
流れ盤すべりを起こすような岩石か？										
その地質構造と法面との交差角は40°以内か？										
地質構造の傾斜方向は法面のそれと一致しているか？										
地質構造の傾斜は法面勾配より緩か？										
地質構造の傾斜は30°以上か？										
考えられる崩壊形態										

YES：○　　NO：×

[ヒント・解答] 流れ盤すべりの判定方法を理解することである。解答は7.4.2(2)に示す。

12. 円弧すべりの安定解析
(1) スライス分割

[問題15] 下図の円弧すべりのスライス分割図から，すべり土塊の単位体積重量は18kN/m³として，表中の空欄を満たせ。

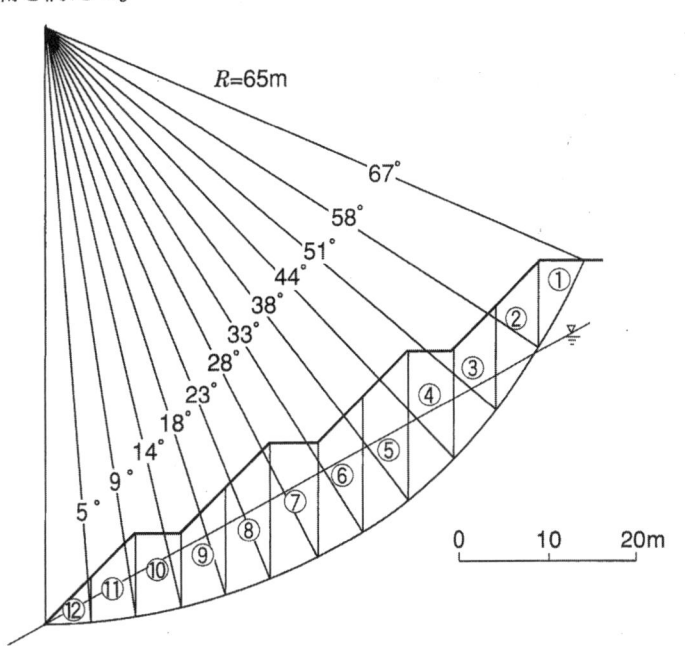

スライス分割図

スライス算定表

No.	A(m²)	γ(kN/m³)	W(kN/m)	θ(°)	$W \cdot \sin\theta$	$W \cdot \cos\theta$	l(m)	u(kN/m²)	$u \cdot l$
①	25.0	18	450	62.5	399	208	10.2	0	0
②	53.8	〃	968	54.5	788	562	7.9	20	158
③	57.5	〃	1035	47.5	763	699	7.9	50	395
④	68.0	〃	1224	41.0	803	924	6.8	70	476
⑤	76.3	〃	1373	35.5	797	1118	5.7	83	473
⑥	67.5	〃						88	
⑦	68.8	〃						90	
⑧	67.5	〃	1215	20.5	426	1138	5.7	83	473
⑨	50.0	〃	900	16.0	248	865	4.5	68	306
⑩	42.5	〃	765	11.5	153	750	5.7	55	314
⑪	33.8	〃	608	7.0	74	603	4.5	38	171
⑫	11.3	〃	203	2.5	9	203	5.7	13	74
Σ	—	—						—	

[ヒント・解答] スライス算定表の空欄を左から順を追って算定する。次に最下欄に合計する。問題16のための予備作業である。解答は7.5.3(4)にある。

(2) 安定計算

[問題16] 問題15で求めた表の値を用いて，安全率F_sに関する式をcおよび$\tan\phi$を変数とする式として表現せよ。

次に安全率を$F_s=1.0$と仮定してc-$\tan\phi$の関係式を求め，それを図に示せ。さらに$c=15$ kN/m²と仮定して$\tan\phi$を求め，同図中に記入せよ。

計画安全率を$F_{sp}=1.20$とするとき，必要抑止力Pを求めよ。

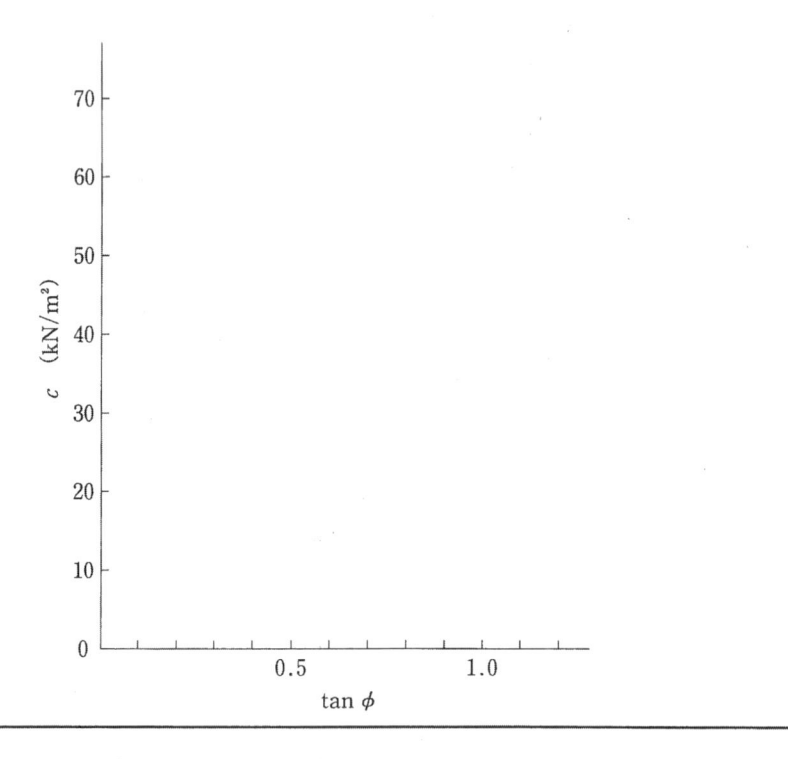

[ヒント・解答] 円弧すべり解析のスライス分割と，それを基にした安定計算方法（逆算法）を理解する。算定の基本式は次の通りである。

$$F_s = \frac{c \cdot \sum l + \{\sum(W \cdot \cos\theta) - \sum(u \cdot l)\} \cdot \tan\phi}{\sum(W \cdot \sin\theta)}$$

これに問題15で求めた値を入れて，$F_s=1.0$とし，c-$\tan\phi$の関係式をつくる。さらに$c=15$kN/m²と仮定して$\tan\phi$を求める。

次に上式のF_sを1.20とし，右辺の分子に必要抑止力Pを加えた式から，Pの値を求める。解答は7.5.3(4)にある。

13. 直線すべりとグラウンドアンカー

(1) 直線すべりの安定解析
直線すべりの安定解析を、次の条件に従って行う。

　　法面の上・下およびステップ（幅2m）は水平とする。
　　2段法面とし、下段は勾配1：0.5で直高5m、上段は勾配1：0.8で直高7mとする。
　　法尻に向かうすべり面の傾斜は25°とする。

[問題17]
i ）上記与条件に従って$S=1/200$の断面図を作成せよ。
ii ）すべり土塊面積$A(m^2)$を求め、すべり土塊鉛直力$W(kN/m)$を算定せよ。単位体積重量$\gamma=21kN/m^3$とする。
iii）安定計算式から現状安全率F_sを求めよ。粘着力$c=5 kN/m^2$、内部摩擦角$\phi=20°$とする。
iv）計画安全率$F_{sp}=1.2$を得るための必要抑止力$P(kN/m)$を求めよ。

[ヒント・解答]　直線すべりでのすべり面上の力のつり合いを理解する。安定計算の基本式は次の通りであり、断面図およびii）の条件から入力する値（W, θ, l）をだす。

$$F_s = \frac{W \cdot \cos\theta \cdot \tan\phi + c \cdot l}{W \cdot \sin\theta}$$

$c=5 kN/m^2$, $\phi=20°$からF_sを導く。上式のF_sを1.2とし、右辺分子に必要抑止力Pをプラスした式からPを算定する。解答は7.5.4(3)に示す。

(2) グラウンドアンカー安定解析

下図の上段法面の位置に、グラウンドアンカーを2段は位置することにする。アンカーの打設方向はこの法面に直角な方向とする。

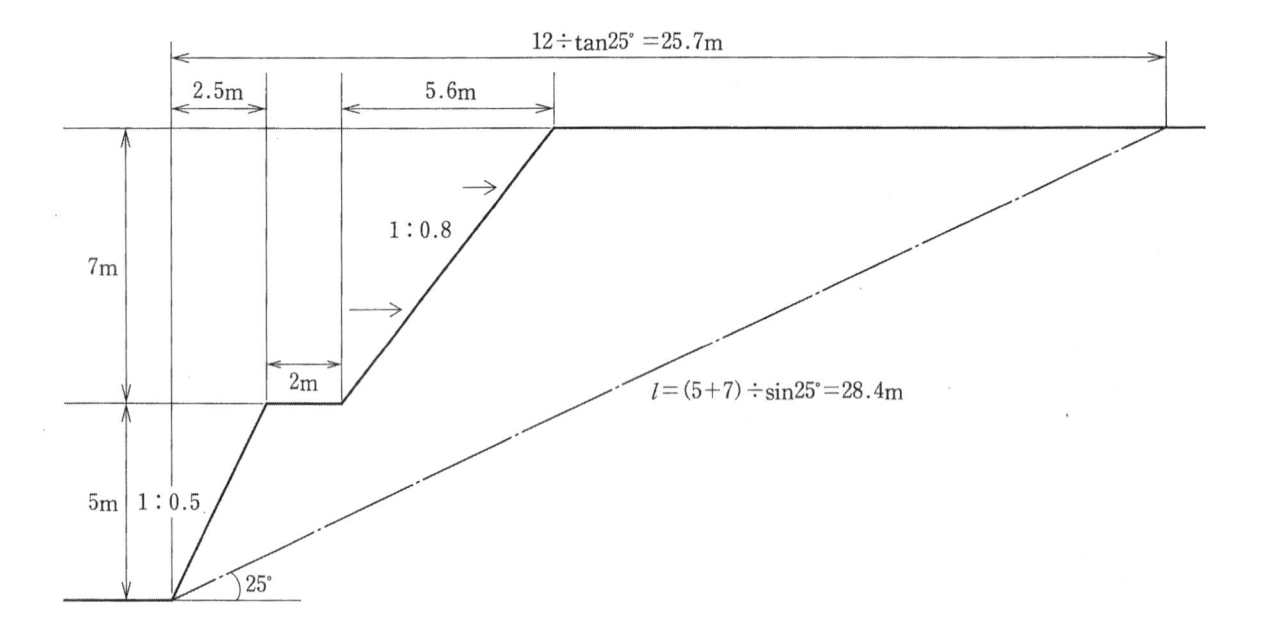

[図：法面断面図。上部に 12÷tan25°=25.7m、区間 2.5m、5.6m。上段法面は 1:0.8、高さ 7m。中段の幅 2m。下段は 1:0.5、高さ 5m。すべり面 $l=(5+7)÷\sin25°=28.4$m、角度 25°]

[問題18]

ⅰ) 計画安全率 $F_{sp}=1.2$ を得るための全設計アンカー力 P_a(kN/m) を求めよ。

ⅱ) 上の断面で水平方向のアンカー間隔を2.5mピッチとしたときの、1本当たりの設計アンカー力 T_d(kN／本) を求めよ。

[ヒント・解答] グラウンドアンカーの力には方向性があること、それをすべり面に平行な力と、垂直な力に分けて考えることを理解する。図は問題17で求めたものであり、すべり土塊面積 $A=96.8$m^2 で、すべり土塊単位重量 $W=2033$ kN/m となる。アンカーの打設角は1:0.8の法面に直角方向であることから求められる。安定計算の基本式は次の通りである。

$$F_{sp}=\frac{W\cdot\cos\theta\cdot\tan\phi+c\cdot l+P_a\cdot\cos(\theta+\alpha)+P_a\cdot\sin(\theta+\alpha)\cdot\tan\phi}{W\cdot\sin\theta}$$

これに諸数値を代入すればよい。次にアンカー間隔を設定した場合の次式から1本当たりの設計アンカー力 T_d を求める。

$$T_d=\frac{P_a}{n}\times d$$

解答は7.5.5(2)に示す。

索 引

あ

RMR法 *40*
RQD *23*
圧気工法 *83, 84*
圧裂試験 *31, 32*
余掘り *70*
アルカリ骨材反応 *57*
安山岩 *2, 3, 5, 7, 8, 13, 70, 57, 71, 2, 98*
安全率 *45, 47, 49, 50, 59, 60, 107, 108, 109, 110, 111, 112, 114, 115*
安定解析 *45, 47, 49, 107, 111*
安定計算 *45, 50, 59, 60, 107, 108, 109, 110, 111, 112, 115*
安定対策工 *105*

い

石積み *105*
一軸圧縮試験 *31, 32*
糸魚川・静岡構造線 *11, 12*
異方性 *2, 6, 8, 9, 11, 13, 30, 39, 70, 98, 99*

う

Vajontダム *44*
受け盤 *100*
埋立地盤 *91*

え

AE法 *120*
液状化 *91*
液性限界 *84*
S波 *27*
N値 *86*
塩基性岩 *7, 8*
円弧すべり *49, 107, 108, 109*

お

黄鉄鉱 *98, 99*
応用地質学 *1, 41, 63, 92, 88*
置換えプラグ *50*
押さえ盛土 *106*
温泉余土 *11*

か

カーテングラウチング *52, 53, 55*
開削工事 *86, 87*
崖錐 *19, 21, 23, 58, 89, 97*
階段載荷 *34, 35*
開放型シールド *83*
鏡肌 *13*
鍵層 *23*
花崗岩 *2, 3, 5, 7, 8, 9, 13, 65, 70, 71, 2, 96*
火山岩 *3, 7, 8, 45, 57, 65, 98, 99*
火山砕屑岩 *6*
火山灰質粘性土 *96*
過剰間隙水圧 *96*
火成岩 *2, 3, 4, 5, 7, 8, 13, 97, 98*
割線弾性係数 *32, 33, 34*
活断層 *12, 22*
滑落崖 *18*
仮設備 *58, 61*
間隙水圧 *96, 98, 108, 109*
緩斜面地形 *20*
岩盤載荷試験 *32, 33, 34, 35*
岩盤せん断試験 *35, 38, 44*
岩盤等級 *39, 42*
岩盤変位計 *119*
かんらん岩 *7*
管理基準値 *115, 116, 120*

き

機械掘削工法 *67*
偽傾斜 *15, 25, 74, 75*
基礎地盤 *44, 45, 47, 48, 49, 50, 51, 52, 53, 59, 60, 61, 89, 90, 95, 96*
基本三角 *45, 50*
逆算法 *108, 109*
Qシステム *40*
凝灰岩 *6, 11, 57, 58, 70, 96, 97, 101*
局所安全率 *47*
切土法面 *30, 41, 93, 94, 97, 99, 100, 105, 115, 122*
切羽 *3, 13, 68, 69, 70, 72, 73, 74, 75, 77, 78, 79, 81, 83, 84*
切梁工法 *86, 88*

輝緑岩 *8, 9, 58, 97*
輝緑凝灰岩 *6*
均等係数 *84, 91*

く

空中写真 *18, 19, 93*
クサビすべり *104*
屈折波法 *27*
グラウチング *49, 51, 52, 53, 54, 55, 56, 60, 61*
グラウト *51, 56, 82, 91, 92*
グラウンドアンカー *86, 87, 88, 91, 106, 110, 111, 112, 113, 115, 120*
クリープ *104*
クリープ率 *32, 33, 35*
グリーンタフ *6*
繰返し載荷 *34, 35*
クリノメータ *13, 14, 28*
黒部川第四ダム *61*

け

計画安全率 *109, 110, 111, 112, 114, 115*
珪質岩 *57*
経時変化図 *80, 120, 121*
傾斜 *13, 14, 15, 18, 20, 21, 23, 25, 26, 30, 48, 60, 69, 72, 74, 75, 95, 96, 97, 98, 100, 101, 103, 104, 107, 108, 109, 110, 111, 114, 115, 117, 119*
傾斜計 *117, 119*
計測 *77, 79, 80, 82, 115, 116, 117, 118, 119, 120, 121, 122*
ケスタ地形 *20*
頁岩 *4, 5, 6, 13, 58, 70, 88*
結晶片岩 *8, 13, 39, 57, 58, 70, 101, 102*
ケルンコル *19*
ケルンバット *19*
原位置試験 *30, 31, 40*
限界圧力 *53, 54*
原石山 *28, 57, 58, 59*
現地踏査 *21*

こ

高圧空気貯蔵 *65*
高圧線鉄塔 *90*
広域変成岩 *8*
向斜 *11, 12*
洪水吐 *50, 52*
洪積砂層 *97*

洪積砂礫層 *97*
厚層基材吹付 *105*
構造線 *11, 12, 13, 82*
孔内傾斜計 *119*
孔内伸縮計 *119*
光波測距儀 *117*
骨材プラント *59*
コンクリートアーチ式ダム *48*
コンクリート骨材 *31, 45, 57, 58*
コンクリート重力式ダム *45, 47, 48, 49, 50*
コンソリデーショングラウチング *51, 55*
コンタクトグラウチング *52*

さ

載荷試験 *31, 32, 33, 34, 35, 39, 42, 44*
最小二乗法 *37, 38*
砕屑岩 *5, 6*
作業坑 *81*
さぐりボーリング *79*
差し目 *100, 103, 104*
山岳橋梁 *89, 90*
山岳トンネル *64, 65, 67, 68, 83*
酸欠空気 *84, 85*
酸性岩 *7, 8*
San Meteo ダム *44*
残留変位 *32*
残留変形量 *33, 35*

し

GPS *118*
シーム *11, 12, 13*
シールド *1, 66, 83, 84, 85, 66, 85, 86, 88*
$\sigma - \tau$ 関係図 *38*
地すべり *11, 18, 19, 20, 30, 44, 45, 76, 77, 82, 90, 96, 98, 103, 107, 117, 119, 122*
地すべり地形 *18, 19*
持続載荷 *34, 35*
室内試験 *30*
地盤反力係数 *32, 34*
地盤分類 *17, 40, 72, 77*
遮水材料 *45, 58*
遮水ゾーン *71*
蛇籠 *105*
蛇紋岩 *8, 58, 70, 96, 97*
褶曲 *11, 12, 103*
集水地形 *20*
重力式擁壁 *105*
シュミットネット *14, 74*

準岩盤強度 79
純せん断応力 37
ジョイントグラウチング 52
シラス 96, 97
伸縮計 117, 119
深成岩 3, 5, 7, 8, 9
深礎工 106
新第三紀 4, 5, 6, 9, 58, 68, 70, 96

す

垂直応力 37, 38
スーパーカミオカンデ 65, 66
ステージグラウチング 54
ステージ長 53, 56
ステップ 33, 91, 94, 105, 111
すべり破壊 45, 48
スラッシュグラウチング 52
スリッケンサイド 13
スレーキング 9, 30, 58, 84, 96, 97

せ

青函トンネル 65, 72, 81, 82
整合 11, 12
石灰岩 6, 9, 45, 57, 70
設計アンカー力 112, 114, 115
接触変成岩 8
接線弾性係数 32, 33, 34
節理 2, 3, 5, 7, 9, 11, 13, 98, 101
瀬戸大橋 91, 92
遷急線 20
先進導坑 81
先進ボーリング 81, 82
せん断応力 37, 38
せん断強度 31, 39, 45, 48, 50, 58, 101
全地球的測位システム 118
St. Francis ダム 44

そ

造岩鉱物 7, 8
走向 13, 14, 15, 21, 23, 25, 26, 30, 72, 73, 74, 75, 98, 101, 103, 104
走時曲線 27
層理 1, 2, 6, 9, 11, 13, 39, 48, 70, 74, 75, 98, 99, 101, 103

た

大深度地下 66

滞水ゾーン 71
堆積岩 1, 2, 3, 4, 5, 8, 13, 20, 98, 99
タイヤ工法 68
縦波 27
種散布 105
単位注入セメント量 56
段丘地形 20
弾性波速度 27, 77, 79
弾性波探査 27, 45, 68, 69, 79, 80
弾性波探査反射法 79
断層 2, 4, 5, 9, 11, 12, 13, 19, 22, 23, 25, 27, 28, 30, 67, 48, 50, 59, 68, 72, 73, 74, 75, 79, 19, 98, 101
断層崖 19

ち

地学 1, 16
地下空洞 64, 65, 119
地下水位低下工法 84
地形図 18, 19, 20, 21, 23, 25, 94, 95, 97
地山強度比 77, 78
地山分類 68, 77
地質図 23, 30, 45, 63, 68, 69, 92
地質年代 2, 3, 4, 5, 6, 12
地中変位 80, 120
地表変位量 117
地表露頭線 25, 26
チャート 6, 13, 57, 101
中央構造線 11, 12, 82
柱状節理 13
注入 51, 56, 72, 81, 82, 84, 87, 91, 92
超塩基性岩 7, 8
調査坑 28, 30
調査立坑 28, 29
調査横坑 28, 29, 31, 32, 36
長尺ベルトコンベア 68
直線すべり 107, 110, 111
沈埋函 66

て

Teton ダム 44
TBM 67, 68, 74, 82, 67
泥岩 5, 6, 9, 58, 68, 96, 97, 101
泥水式 83
底設導坑先進 68
低速度帯 27, 69
展開図 28, 29
天端沈下 80

と

東京湾横断道路（アクアライン） *66, 85, 86, 88*
凍結工法 *84, 86*
透水性 *7, 11, 12, 31, 44, 45, 49, 53, 58*
透水性材料 *58*
動力変成作用 *9*
土質分類 *40, 41*
都市トンネル *64, 66*
都市部橋梁 *90*
土丹 *5*
トップリング *103, 104*
土留壁 *86, 87, 88*
土木地質学 *1*
トモグラフィ解析 *27*
トラフィカビリティ *96*
トレンチ *29*

な

内空変位 *80*
内部摩擦角 *37, 109, 110, 112, 115*
流れ盤 *59, 88, 99, 100, 101, 102, 103, 104, 110*
流れ盤すべり *99, 100, 101, 102, 103, 104, 110*
NATM *67, 81, 82*
成田層 *86*
軟岩 *2, 5, 6, 67, 77, 92*
軟弱地盤 *96*

に

二重管リバース工法 *82*

ね

熱赤外線映像 *120*
ネット *105*
粘土鉱物 *9*
粘板岩 *5, 6, 13, 57, 58, 101*

の

野島断層 *12*
法面 *11, 13, 20, 21, 30, 40, 41, 50, 57, 61, 88, 93, 94, 95, 96, 97, 98, 99, 100, 101, 103, 104, 105, 106, 111, 112, 113, 115, 116, 119, 120, 122*
法面保護工 *105*
法枠 *105*

は

背斜 *11, 12*

排土 *103, 106*
パイピング *44, 45, 49, 70, 87, 96, 98*
パイプひずみ計 *119*
パイロット孔 *55*
破砕帯 *5, 11, 12, 13, 23, 52, 61, 67, 71, 72, 73, 81*
パッカーグラウチング *54*
バッチャープラント *59*
発破工法 *67*
張芝 *105*
板状節理 *13*
半深成岩 *3, 7, 8*
半透水性材料 *58*
盤ぶくれ *87*

ひ

被圧地下水 *87*
P波 *27*
ヒービング *87*
光ファイバセンサ *120*
備蓄空洞 *65*
必要抑止力 *109, 110, 111, 112*

ふ

フィルダム *28, 44, 45, 49, 50, 51, 52, 57, 58, 107*
風化 *2, 3, 4, 5, 8, 9, 12, 20, 21, 23, 27, 30, 57, 58, 70, 83, 89, 90, 96, 97, 109*
Hooverダム *44*
複合すべり *107*
不整合 *11, 12*
フトン籠 *105*
Frayleダム *44*
ブランケットグラウチング *51, 52*
不連続面 *2, 12, 13, 70, 72, 73, 74, 88, 98, 99, 107*
ブロックせん断試験 *35*
ブロック積み *105*

へ

ヘニーの式 *45, 47, 50, 51*
偏圧 *76, 77*
片岩類 *8*
変形係数 *32, 33, 34, 42*
変形性 *11, 12, 30, 31, 32, 39, 44, 45, 49, 92*
変質 *2, 4, 5, 7, 9, 11, 58*
変成岩 *2, 3, 5, 8, 13, 57, 98*
片麻岩 *8, 101*
片理 *2, 8, 11, 13, 39, 48, 70, 98, 99, 101, 103*

ほ

ポアソン比 34, 35
ボイリング 87
崩壊地形 20
放射性廃棄物 66
膨潤 9, 58, 84, 97
方状節理 13
膨張 8, 9, 11, 31, 68, 70, 81, 84, 88
膨張性トンネル 11
ボーリング 18, 22, 23, 24, 25, 26, 27, 28, 29, 30, 31, 45, 53, 54, 68, 69, 71, 79, 81, 82, 83, 87, 119
ボーリングコア 18, 22, 23, 30
ボーリング柱状図 23, 24
ホルンフェルス 9, 101
本坑 81

ま

マサ 9, 70, 96, 97
Malpasset ダム 44

み

水抜き迂回坑 71
水抜きボーリング 71
密閉型シールド 84
南備讃瀬戸大橋 92
ミロナイト 9

め

メタンガス 28, 70, 85

も

盛土法面 95, 96
モルタル吹付 105
モンモリロナイト 11, 57

や

薬液注入工法 84
山砂 96

ゆ

湧水 3, 21, 68, 70, 71, 72, 81, 96, 97, 98, 99
有楽町層 86

よ

揚圧力 44, 47, 52, 87, 88
熔結凝灰岩 6, 70
揚水式水力発電所 65
擁壁工 105
抑止工 106
横波 27

ら

落石防護工 105
落石防護工 106

り

リニアメント 19
リムグラウチング 52
硫化ガス 28
流紋岩 8, 57, 98, 101
緑色岩類 6

る

ルジオン値 53, 54, 55
ルジオンテスト 44, 45, 53, 54
ルジオンマップ 53, 54

れ

レール工法 68

ろ

ロードヘッダ 67
ローム 96
ロックフィルダム 44, 49, 50, 57, 58
ロックボルト 67, 80, 81, 82, 106, 107, 111
ロックボルト軸力 80

わ

ワイヤーロープ 106
割れ目 2, 3, 4, 5, 7, 8, 13, 21, 22, 32, 39, 58, 59, 67, 72, 98, 99, 100, 101, 104, 105, 107, 110

著者紹介

古部 浩（ふるべ ひろし）

1944年生まれ　1968年九州大学理学部地質学科卒業　1968～1971年日本炭砿株式会社　1971～2007年株式会社間組　うち1988～1995年日本大学文理学部応用地学科非常勤講師　1998～2007年法政大学工学部土木工学科（のち改称）兼任講師　現在　日本基礎技術株式会社　技術士（応用理学部門）
主な著書『建設工事と地盤地質』田中芳則共著，技術書院，2000年

武藤 光（むとう こう）

1956年生まれ　1979年山口大学文理学部理学科地質学鉱物科学科卒業
1999年京都大学大学院工学研究科博士課程修了　2007年青山機工株式会社を経て株式会社間組へ　現在　株式会社安藤・間　土木事業本部リニューアルプロジェクト推進部長　京都大学博士（工学）　技術士（応用理学部門）法政大学兼任講師
主な著書『ロックメカニクス』（分担），博報堂出版（株），2002年『グラウンドアンカー設計・施工例（改訂版）』（分担），地盤工学会，2003年『グラウンドアンカー施工のための手引書』（分担），日本アンカー協会，2003年『応用地質用語集』（分担），日本応用地質学会，2004年

山本浩之（やまもと ひろゆき）

1963年生まれ　1988年九州大学理学部地質学科卒業　1989年株式会社間組入社
現在　株式会社安藤・間　土木事業本部土木設計部課長　博士（工学）技術士（総合技術監理部門，応用理学部門）

宇津木慎司（うつき しんじ）

1968年生まれ　1994年京都大学大学院工学研究科資源工学専攻修了
1994年株式会社間組入社　現在　株式会社安藤・間　土木事業本部土木設計部課長　京都大学博士（工学）　技術士（総合技術監理部門，応用理学部門，建設部門）
主な著書『総説 岩盤の地質調査と評価』（分担）ダム工学会編，古今書院，2012年

書　名	改訂新版 建設工事と地盤地質
コード	ISBN978-4-7722-3154-1　C3051
発行日	2013年10月20日　初版第1刷発行 2020年10月20日　　　　第2刷発行 2023年10月20日　　　　第3刷発行
著　者	古部 浩・武藤 光・山本浩之・宇津木慎司 Copyright ©2013 Furube Hiroshi, Muto Ko, Yamamoto Hiroyuki & Utsuki Shinji
発行者	株式会社古今書院　橋本寿資
印刷所	三美印刷株式会社
製本所	三美印刷株式会社
発行所	古今書院 〒113-0021　東京都文京区本駒込5-16-3
WEB	https://www.kokon.co.jp
電話	03-5834-2874
FAX	03-5834-2875
振替	00100-8-35340

検印省略・Printed in Japan

古今書院　関連書　　　　　　　　　　　　　　　　　（価格はすべて税込み）

TEL 03-5834-2874　　FAX 03-5834-2875　　　　　　ホームページ　www.kokon.co.jp/

地質・地盤系実務者のための
探査・調査法ガイド
―計画から発注・調査まで―

GeoTec 研究会編

A5判並製　191頁　定価4,180円（税込）　2020年5月刊

★ 受注した事業に最適の、調査方法を知りたい！

Q&A方式の見開き2ページで解説する、実務の即戦力！

一部内容を古今ホームページの立ち読みページでご覧いただけます

第1章　地形・地質（断層破砕帯、砂礫層の厚さなど18項目）
第2章　コンクリート（劣化など3項目）　　第3章　地下埋設物（陥没原因など4項目）
第4章　トンネル（緩み範囲など4項目）　　第5章　宅地（浸水危険箇所など6項目）
第6章　斜面（落石、土石流など7項目）　　第7章　土構造物（切盛境など7項目）
第8章　地下水（井戸、汚染など11項目）
第9章　探査・検層法（電気探査・表面波探査など22項目）

中央構造線断層帯

最長活断層帯（四国）の諸性質

岡田篤正 著（京都大学名誉教授）

B5判上製　382頁　定価9,800円（税込）　2020年7月刊

★ 四国における中央構造線のすべてがわかる本！

活断層研究の第一人者として1960年代に「中央構造線断層帯は日本最大級の変位速度をもつ活断層帯である」ことを解明した著者が、様々な調査手法を用いて活断層周辺地域の**地下構造**や**地震の確率**などを調査・研究してきた成果をまとめた。活断層に沿った地域では地すべり・崩壊などの斜面災害が頻繁に発生し、変位地形が改変されたり消失した場所も多い。後世のために典型的な変位地形を保存すること、そして活断層を正しく理解することが何より大切と説く。

日本の海と暮らしをささえる
海の地図 — 海図入門

八島邦夫 編（元・海上保安庁海洋情報部長）
B5判並製　96頁（カラー16頁）　　　定価2,640円（税込）　　　2020年5月刊

★ <u>海岸の調査実務・報告書作成・プレゼンに役立ちます</u>

陸上の地図（国土地理院の地形図やGoogleマップなど）と管轄も体系も異なる海図。これまで船舶・海辺のレジャー・漁業関係者の実用書しかなかったこの分野の初めての**概説書**。水深だけでなく海底地形・航路・ライフライン・漁業設備（養殖いかだなど）の記載があるので、**海岸の調査に有用**。入手方法、作成方法、領海の定義など**法律の解説**も。

沖積低地　土地条件と自然災害リスク

海津正倫 著（名古屋大学名誉教授）
B5判上製　158頁　　定価4,400円（税込）　　2019年11月刊

★ <u>最新研究とくに地盤・災害リスク・地形分類の解説が詳しい</u>

古環境復元や環境科学など隣接諸分野に有用な精緻な情報を発信してきた地形学者による最新作。最新成果に基づく低地の地形の成因解説、**微地形分類**、**災害リスク**からみた特徴をオリジナルの図版を多様して解説。多摩川低地、那賀川の事例は、刊行直後の令和元年台風災害の結果と比較に注目。最終章では災害活用を意識して**地形分類**の**最前線**を概説。

禹王と治水の地域史

植村善博（佛教大学前教授：地形学が専門）＋治水神・禹王研究会　編
A5判並製　158頁　　定価2,750円（税込）　　2019年9月刊

★ <u>全国132ヵ所もある禹王遺跡、現地の災害史の把握に役立ちます</u>

古代中国で黄河の治水に成功した聖人「禹」に喩え、**地元の治水に貢献した偉人を顕彰し**たのが禹王碑建立の理由全国132ヵ所の禹王遺跡の実態から、各地の治水史がみえてくる。禹王遺跡の**全国マップ**、**全国リスト**は資料的価値も高い。

ジオリスクマネジメント
地質リスクマネジメントによる建設工事の生産性向上とコスト縮減

C.R.I.Clayton，英国土木学会編　全地連訳
A5判並製　122頁　定価3,000円（税込）　2016年刊

★ <u>地質リスクマネジメントの重要性について具体的な事例で解説</u>

英国内外の実務者の間で地質リスクマネジメントに関する最も重要な解説書として、2001年に出版されて以来、技術研修や講演・論文に多数引用されている。基本解説の後、発注者・設計者・施工者の役割を明示し、巻末付録には実例として詳細なリスク管理表を掲載した。ジオリスクマネジメントの代表的な流れを示した第2章のカラー折図も役立つ。